上海市工程建设规范

缓粘结预应力混凝土结构技术标准

Technical standard for retarded-bonded prestressed concrete structure

DG/TJ 08—2446—2024
J 17505—2024

主编单位：同济大学
　　　　　上海市城市建设设计研究总院(集团)有限公司
　　　　　上海建工集团股份有限公司
批准部门：上海市住房和城乡建设管理委员会
施行日期：2024 年 8 月 1 日

同济大学出版社

2025　上海

图书在版编目(CIP)数据

缓粘结预应力混凝土结构技术标准/同济大学,上海市城市建设设计研究总院(集团)有限公司,上海建工集团股份有限公司主编. --上海:同济大学出版社,2025.4. -- ISBN 978-7-5765-1511-4

Ⅰ. TU378-65

中国国家版本馆 CIP 数据核字第 2025NS8787 号

缓粘结预应力混凝土结构技术标准

同济大学
上海市城市建设设计研究总院(集团)有限公司　**主编**
上海建工集团股份有限公司

责任编辑　朱　勇
责任校对　徐逢乔
封面设计　陈益平

出版发行	同济大学出版社　www.tongjipress.com.cn	
	(地址:上海市四平路1239号　邮编:200092　电话:021-65985622)	
经　　销	全国各地新华书店	
印　　刷	常熟市华顺印刷有限公司	
开　　本	889mm×1194mm　1/32	
印　　张	4.875	
字　　数	122 000	
版　　次	2025年4月第1版	
印　　次	2025年4月第1次印刷	
书　　号	ISBN 978-7-5765-1511-4	
定　　价	50.00元	

本书若有印装质量问题,请向本社发行部调换　　版权所有　侵权必究

上海市住房和城乡建设管理委员会文件

沪建标定〔2024〕74 号

上海市住房和城乡建设管理委员会关于批准《缓粘结预应力混凝土结构技术标准》为上海市工程建设规范的通知

各有关单位：

  由同济大学、上海市城市建设设计研究总院（集团）有限公司和上海建工集团股份有限公司主编的《缓粘结预应力混凝土结构技术标准》，经我委审核，现批准为上海市工程建设规范，统一编号为 DG/TJ 08—2446—2024，自 2024 年 8 月 1 日起实施。

  本标准由上海市住房和城乡建设管理委员会负责管理，同济大学负责解释。

上海市住房和城乡建设管理委员会

2024 年 2 月 6 日

前　言

根据上海市住房和城乡建设管理委员会《关于印发〈2019年上海市工程建设规范、建筑标准设计编制计划〉的通知》（沪建标定〔2018〕753号）要求，标准编制组经广泛调查研究认真总结实践经验，在广泛征求意见的基础上，编制了本标准。

本标准的主要内容有：总则；术语和符号；基本规定；材料；缓粘结预应力锚固体系；房屋和一般构筑物；公路与城市道路桥梁；铁路与轨道交通桥梁；超高性能混凝土结构；耐久性；施工和验收。

各单位及相关人员在执行本标准过程中，如有意见和建议，请反馈至上海市住房和城乡建设管理委员会（地址：上海市大沽路100号；邮编：200003；E-mail：shjsbzgl@163.com），同济大学预应力研究所（地址：上海市四平路1239号；邮编：200092；E-mail：xiong_xueyu@tongji.edu.cn），上海市建筑建材业市场管理总站（地址：上海市小木桥路683号；邮编：200032；E-mail：shgcbz@163.com）。

主　编　单　位：同济大学
　　　　　　　　上海市城市建设设计研究总院(集团)有限公司
　　　　　　　　上海建工集团股份有限公司
参　编　单　位：上海同吉建筑工程设计有限公司
　　　　　　　　上海浦东建筑设计研究院有限公司
　　　　　　　　上海建筑设计研究院有限公司
　　　　　　　　华东建筑设计研究院有限公司
　　　　　　　　上海建工二建集团有限公司
　　　　　　　　上海建工五建集团有限公司

中建科技有限公司
上海市浦东新区交通投资发展有限公司
同济大学建筑设计研究院(集团)有限公司
上海市政工程设计研究总院(集团)有限公司
中交物流规划设计研究院
中铁上海设计院集团有限公司
中船第九设计研究院工程有限公司
中国海诚工程科技股份有限公司
上海市地下空间设计研究总院有限公司

主要起草人员: 熊学玉 陆元春 王美华 冯传山 肖启晟
强国平 李亚明 周建龙 包联进 周　健
贾水钟 刘建红 张大伟 吕　达 孙小华
董　震 刘学庆 施海熔 孙　丰 耿耀明
刘传平 卢永成 王寿生 陈其锋 何林忆
瞿　革 徐灵通 马跃强 李雪峰 傅　梅
黄　延 赵令玉 时春霞 陈怀智 冯　星

主要审查人员: 周质炎 罗兴隆 刘艳滨 贺　振 徐利平
陈　飞 金东华

上海市建筑建材业市场管理总站

目　次

1 总　则 ··· 1
2 术语和符号 ·· 2
　2.1 术　语 ··· 2
　2.2 符　号 ··· 4
3 基本规定 ··· 9
　3.1 一般规定 ·· 9
　3.2 结构内力分析 ··· 12
　3.3 预应力损失值计算 ·· 15
4 材　料 ··· 24
　4.1 混凝土及普通钢筋 ·· 24
　4.2 缓粘结预应力筋 ·· 24
　4.3 缓粘结材料 ··· 26
　4.4 护　套 ··· 27
5 缓粘结预应力锚固体系 ··· 28
　5.1 预应力用锚具、夹具和连接器 ·· 28
　5.2 预应力短索锚固体系 ·· 29
6 房屋和一般构筑物 ·· 32
　6.1 一般规定 ··· 32
　6.2 设计与计算 ··· 34
　6.3 构　造 ··· 40
7 公路与城市道路桥梁 ··· 44
　7.1 一般规定 ··· 44
　7.2 设计与计算 ··· 44
　7.3 构　造 ··· 45

- 8 铁路与轨道交通桥梁 ································ 46
  - 8.1 一般规定 ································ 46
  - 8.2 设计与计算 ································ 47
  - 8.3 构 造 ································ 47
- 9 超高性能混凝土结构 ································ 49
  - 9.1 一般规定 ································ 49
  - 9.2 材 料 ································ 49
  - 9.3 设计与计算 ································ 54
  - 9.4 构 造 ································ 64
- 10 耐久性 ································ 65
  - 10.1 一般规定 ································ 65
  - 10.2 房屋和一般构筑物的耐久性 ································ 65
- 11 施工和验收 ································ 68
  - 11.1 一般规定 ································ 68
  - 11.2 缓粘结预应力筋的制作、运输、存放 ································ 68
  - 11.3 进场检验 ································ 69
  - 11.4 缓粘结预应力筋的安装和混凝土浇筑 ································ 71
  - 11.5 张 拉 ································ 74
  - 11.6 封 锚 ································ 80
  - 11.7 工程验收 ································ 80
- 附录 A 超高性能混凝土抗拉试验方法 ································ 84
- 附录 B 张拉阶段预应力损失测定方法 ································ 89
- 附录 C 材料进场验收单 ································ 95
- 附录 D 材料下料及安装验收单 ································ 97
- 附录 E 缓粘结预应力工程张拉申请单 ································ 99
- 附录 F 缓粘结预应力筋封锚验收记录表 ································ 100
- 附录 G 缓粘结预应力筋张拉记录表 ································ 101
- 本标准用词说明 ································ 103
- 引用标准名录 ································ 104
- 条文说明 ································ 107

Contents

1 General provisions ·· 1
2 Terms and symbols ·· 2
　2.1　Terms ··· 2
　2.2　Symbols ·· 4
3 Basic requirements ·· 9
　3.1　General requirements ······································· 9
　3.2　Analysis on internal force ································· 12
　3.3　Loss of prestress ·· 15
4 Materials ··· 24
　4.1　Concrete and steel reinforcement ························ 24
　4.2　Retarded-bonded prestressing tendon ··················· 24
　4.3　Retarded-bonded material ································· 26
　4.4　Sheath ·· 27
5 Anchorage system for retarded-bonded prestressing tendon ··· 28
　5.1　Anchorage, grip and coupler for prestressing tendons ·· 28
　5.2　Anchorage system for short tendons ···················· 29
6 Building and general structure ·································· 32
　6.1　General requirements ······································ 32
　6.2　Design and calculation ···································· 34
　6.3　Detailing requirements ···································· 40
7 Highway and municipal road bridge ··························· 44
　7.1　General requirements ······································ 44

7.2	Design and calculation	44
7.3	Detailing requirements	45
8 Railway and rail transit bridge		46
8.1	General requirements	46
8.2	Design and calculation	47
8.3	Detailing requirements	47
9 Retarded-bonded prestressed ultra-high performance concrete structure		49
9.1	General requirements	49
9.2	Materials	49
9.3	Design and calculation	54
9.4	Detailing requirements	64
10 Durability		65
10.1	General requirements	65
10.2	Durability of building and general structure	65
11 Construction and acceptance		68
11.1	General requirements	68
11.2	Fabrication, transportation and storage of retarded-bonded prestressing tendons	68
11.3	Inspection	69
11.4	Placement of retarded-bonded prestressing tendon and pouring of concrete	71
11.5	Tension	74
11.6	Anchor seal	80
11.7	Acceptance	80
Appendix A Ultra-high performance concrete tensile test method		84
Appendix B Measurement of the loss of prestress in stretching process		89

Appendix C Acceptance forms for material approach ······ 95
Appendix D Acceptance forms for material used and
            installation ·· 97
Appendix E Tensioning application form for retarded-
            bonded prestressed engineering ···················· 99
Appendix F Acceptance record for anchor seal of retarded-
            bonded prestressing tendons ······················ 100
Appendix G Record for tensioning of retarded-bonded
            prestressing tendons ································ 101
Explanation of wording in this standard ······················ 103
List of quoted standards ··· 104
Explanation of provisions ··· 107

1 总　则

1.0.1 为规范缓粘结预应力在普通混凝土结构和超高性能混凝土结构的设计和施工，达到技术先进、经济合理、安全可靠、耐久环保，确保质量，特制定本标准。

1.0.2 本标准适用于本市房屋和一般构筑物、公路与城市道路桥梁、铁路与轨道交通桥梁的缓粘结预应力混凝土结构的设计、施工及验收。

1.0.3 缓粘结预应力混凝土结构的设计、施工、验收除应符合本标准外，尚应符合国家、行业和本市现行有关标准的规定。

2 术语和符号

2.1 术 语

2.1.1 缓粘结预应力混凝土结构 retarded-bonded prestressed concrete structure

在混凝土达到规定强度后,通过张拉缓粘结预应力钢筋并在结构上锚固而建立预加应力,缓粘结材料固化后在钢筋和混凝土之间形成粘结作用的混凝土结构。

2.1.2 缓粘结预应力筋 retarded-bonded prestressing tendon

用缓粘结材料涂敷和高密度聚乙烯护套包裹钢筋,组成的一种复合筋材。缓粘结预应力筋内部的钢筋可以是预应力钢绞线或钢棒。

2.1.3 护套 sheath

包裹在钢筋和缓粘结材料外的高密度聚乙烯套管。

2.1.4 横肋 transverse rib

缓粘结预应力筋护套上与筋轴线方向垂直的肋。

2.1.5 缓粘结材料 retarded-bonded material

涂敷填充在预应力钢绞线表面,并填充在钢筋和护套之间,按预期时间逐渐固化的一种粘结材料。

2.1.6 张拉适用期 limit of tensioning period

缓粘结材料从配制到仍适合于预应力钢绞线张拉的时间段。室温(25℃)下的张拉适用期称为标准张拉适用期。

2.1.7 固化时间 curing time

缓粘结材料从配制经固化到规定强度的时间。室温(25℃)下的固化时间称为标准固化时间。

2.1.8 粘滞力　viscous friction

缓粘结材料在完全转化为固态之前,于液态逐渐转化为固态的过程中在护套和预应力钢绞线之间产生的一种剪切力,阻碍预应力钢绞线与护套之间的滑动。

2.1.9 应力松弛　stress relaxation

预应力筋受到一定张拉力后,在长度保持不变的条件下,其应力随时间逐步降低的现象。当采用低松弛钢丝和钢绞线时,可显著减少应力松弛。

2.1.10 张拉控制应力　control stress for tensioning

预应力筋张拉时在张拉端所施加的应力值。可作为计算预应力损失的起点。

2.1.11 预应力损失　loss of prestressed stress

预应力筋张拉过程中和张拉后,由于材料特性、结构状态和张拉工艺等因素引起的预应力筋应力降低的现象。预应力损失包括摩擦损失、锚固损失、弹性压缩损失、热养护损失、预应力筋应力松弛损失和混凝土收缩徐变损失等。

2.1.12 有效预应力　effective prestressed stress

预应力损失完成后,在预应力筋中保持的应力值。

2.1.13 缓粘结预应力短索锚固体系　retarded-bonded short tendon system

本标准中的缓粘结预应力短索锚固体系主要指的是配置在桥梁箱梁中横向和竖向长度小于12 m的缓粘结预应力筋。

2.1.14 单次张拉　one-step tension

对于张拉伸长量足够小的钢绞线直接进行张拉,以消除放张锚固回缩的预应力施工工艺。

2.1.15 倒缸张拉　two-step tension

当支座附近的竖向预应力筋较长,致使单次张拉后伸长值较大,锚杯一次旋进不能顶紧垫板时,第一次张拉预应力筋后千斤顶油缸回缩,调整千斤顶位置后再次张拉来满足张拉伸长量称为倒缸张拉。

2.1.16 低回缩锚具 low retracting anchor

利用支承螺母来补偿锚杯下端面与垫板之间间隙,达到消除张拉放张回缩损失的新型锚具。

2.1.17 支承螺母 bearing nut

缓粘结低回缩张拉锚具的一个关键零件,外周设有若干槽口便于转动螺母,内螺纹与锚杯外螺纹旋接。

2.2 符 号

2.2.1 材料性能

E_{Uc}——超高性能混凝土弹性模量;

E_s——钢筋弹性模量;

E_{ct}——加载时刻的弹性模量;

f'_{cu}——边长为 150 mm 的施工阶段混凝土立方体抗压强度;

f_{ck}, f_c——混凝土轴心抗压强度标准值、设计值;

$f_{Ucu,k}$——超高性能混凝土立方体抗压强度标准值;

f_{Uck}, f_{Uc}——超高性能混凝土轴心抗压强度标准值、设计值;

f_{tk}, f_t——混凝土轴心抗拉强度标准值、设计值;

f_{Utk}, f_{Ut}——超高性能混凝土轴心抗拉强度标准值、设计值;

$f_{Ut0,k}$, f_{Ut0}——超高性能混凝土轴心抗拉初裂强度标准值、设计值;

f_{ptk}——预应力钢筋极限强度标准值;

f_y, f'_y——普通钢筋的抗拉、抗压强度设计值;

f_{py}, f'_{py}——预应力钢筋的抗拉、抗压强度设计值。

2.2.2 作用、作用效应及承载力

N_2——由预加力在缓粘结预应力混凝土超静定结构中产生的次轴力;

N_k——按荷载效应的标准组合计算的轴向力值；

N_{p0}——混凝土法向预应力等于零时预应力钢筋及普通钢筋的合力；

N_0——消压轴力；

N_{con}——张拉控制力；

M——弯矩设计值；

M_2——由预加力在缓粘结预应力混凝土超静定结构中产生的次弯矩；

M_0——消压弯矩；

M_k——按荷载效应的标准组合计算的弯矩值；

V——构件斜截面上的最大剪力设计值；

T——扭矩设计值；

P——预应力的合力设计值；

P_m——缓粘结预应力筋平均张拉力；

σ_{ck}，σ_{cq}——荷载效应的标准组合、准永久组合下抗裂验算边缘的混凝土法向应力；

σ_{pc}，σ'_{pc}——在受拉区、受压区预应力钢筋合力点处的混凝土法向压应力；

σ_{sk}——按荷载效应的标准组合计算的纵向受拉钢筋应力或等效应力；

σ_{con}——预应力钢筋张拉控制应力；

σ_a，σ_b——预应力钢筋在 a、b 点的应力；

σ_c——预加力作用下混凝土有效预压应力；

σ_{cp}——持续工作应力；

σ_{i1}，σ_{i2}——分别为第 i 段两端缓粘结预应力筋的应力；

σ'_{p0}——受压区纵向预应力钢筋合力点处混凝土法向应力等于零时的缓粘结预应力钢筋应力；

ω_{max}——按荷载效应的标准组合并考虑长期作用影响计算的最大裂缝宽度；

$\omega_{\lim}$——最大裂缝宽度限值。

2.2.3 几何参数

a, a'——纵向受拉钢筋合力点、纵向受压钢筋合力点至截面近边的距离;

a_s, a_p——受拉区纵向普通钢筋合力点、缓粘结预应力筋合力点至截面受压边缘的距离;

a'_s, a'_p——受压区纵向普通钢筋合力点、缓粘结预应力筋合力点至截面受压边缘的距离;

α_{cr}——构件受力特征系数;

b——矩形截面宽度,T形、I形截面的腹板宽度;

b_f, b'_f——T形或I形截面受拉区、受压区的翼缘宽度;

c_s——最外层纵向受拉钢筋外边缘至受拉区底边的距离;

d_{eq}——受拉区纵向钢筋的等效直径;

d_i——受拉区第 i 种纵向钢筋的公称直径;

d_p——缓粘结预应力筋束的等效外径;

d_f——钢纤维直径;

e——轴向力作用点至纵向受拉钢筋合力点的距离;

e_p——计算截面混凝土法向预应力等于零时全部纵向缓粘结预应力和普通钢筋的合力 N_{p0} 的作用点至受拉区纵向缓粘结预应力筋和普通钢筋合力点的距离;

h——截面高度;

h_0——截面有效高度;

h_p——纵向受拉预应力筋合力点至梁截面受压边缘的有效距离;

h_s——纵向受拉普通钢筋合力点至梁截面受压边缘的有效距离;

h_f, h'_f——T形或I形截面受拉区、受压区的翼缘高度;

i_1, i_2——第一、二段圆弧形曲线预应力钢筋中应力近似直线

r_c ——圆弧形曲线预应力钢筋的曲率半径;
r_{c1},r_{c2} ——第一、二段圆弧形曲线预应力钢筋的曲率半径;
r_p ——缓粘结预应力筋的曲率半径;
l ——张拉端至锚固端之间的距离;
l_f ——反向摩擦影响长度;
l_0 ——预应力筋的端部直线长度;
l_1 ——预应力钢筋张拉端起点至反弯点的水平投影长度;
l_i ——第 i 段缓粘结预应力筋的长度;
l_f ——钢纤维长度;
Δl_1 ——从初应力 σ_0 至最大张拉力应力间的实测伸长值;
Δl_2 ——初应力以下的推算伸长值;
Δl_3 ——张拉过程中构件的弹性压缩值;
Δl_4 ——千斤顶内的缓粘结预应力筋张拉伸长值;
Δl_5 ——张拉过程中工具锚和固定端工作锚楔紧引起的缓粘结预应力筋内缩值;
n_i ——受拉区第 i 种纵向钢筋的根数;
x ——从张拉端至计算截面的长度,亦可近似取该段在纵轴上的投影长度;
z ——受拉区纵向普通钢筋和缓粘结预应力筋合力点至截面受压区合力点的距离;
θ ——张拉端至计算截面曲线部分切线的夹角;
A ——构件截面面积;
A_s,A_s' ——受拉区、受压区纵向普通钢筋的截面面积;
A_p,A_p' ——受拉区、受压区纵向预应力钢筋的截面面积;
A_{te} ——有效受拉混凝土截面面积;
L ——预应力筋在张拉端锚具和固定端锚具之间的长度;
W ——截面受拉边缘的弹性抵抗矩;
W_t ——受扭构件的截面受扭塑性抵抗矩;

W_0——换算截面受拉边缘的弹性抵抗矩。

2.2.4 计算系数及其他

α_E——钢筋弹性模量与混凝土弹性模量的比值；

α_f——钢纤维对抗拉强度的影响系数；

β——矩形应力图高度与实际受压区高度的比值；

γ'_f——受压翼缘截面面积与腹板有效截面面积的比值；

β_v——钢纤维对超高性能混凝土抗剪能力的影响系数；

β_T——钢纤维对超高性能混凝土斜截面承载力的影响系数；

γ_{Uc}——超高性能混凝土材料分项系数；

ε_{sh}——超高性能混凝土收缩应变；

ε_{apu}——预应力筋-锚具组装件达到实测极限拉力时的总应变；

η_a——预应力筋-锚具组装件静载试验测得的锚具效率系数；

μ——缓粘结预应力钢筋与护套之间的摩擦系数；

κ——考虑每米长度局部偏差的摩擦系数；

K——纤维取向系数；

ρ, ρ'——受拉区、受压区预应力钢筋和普通钢筋的配筋率；

ρ_p——环向预应力筋的配筋率；

ρ_{te}——按有效受拉混凝土截面面积计算的纵向受拉钢筋配筋率；

ρ_f——钢纤维体积率；

ψ——裂缝间纵向受拉钢筋应变不均匀系数；

υ_i——受拉区第 i 种纵向钢筋的相对粘结特性系数；

λ_0——预应力度；

λ_f——钢纤维含量特征参数；

ϕ——徐变系数；

ϕ_∞——徐变系数终值；

t_0——加载龄期。

3 基本规定

3.1 一般规定

3.1.1 缓粘结预应力可用于房屋和一般构筑物、桥梁结构中的各类混凝土构件。下列情形下，宜采用缓粘结预应力混凝土结构：

1 结构构件尺寸纤薄，钢筋密集，管道及群锚布置困难。

2 结构构件处于高腐蚀环境中。

3.1.2 缓粘结预应力混凝土结构在施工阶段应按无粘结预应力混凝土结构计算；在进行承载能力极限状态和正常使用极限状态验算时，应根据缓粘结材料非固化或固化状态，分别按无粘结或有粘结预应力混凝土结构计算。对于施工阶段的悬臂梁构件的验算，缓粘结预应力筋的应力可取有效预应力或有效预应力加50 MPa。

3.1.3 缓粘结预应力混凝土结构的可靠性设计应满足下列标准的规定：

1 房屋和一般构筑物应满足现行国家标准《建筑结构可靠性设计统一标准》GB 50068 的规定。

2 公路和城市道路桥梁应满足现行行业标准《公路工程结构可靠性设计统一标准》JTG 2120 的规定。

3 铁路和轨道交通桥梁应满足现行国家标准《铁路工程结构可靠性设计统一标准》GB 50216 的规定。

3.1.4 按本标准施工时，混凝土材料和施工的质量应符合现行国家标准《混凝土结构工程施工质量验收规范》GB 50204、《混凝土强度检验评定标准》GBJ 107 和现行上海市工程建设规范《混凝土结构工程施工标准》DG/TJ 08—020 的规定。

3.1.5 缓粘结预应力混凝土结构的荷载及其效应组合应按下列标准执行：

1 房屋和一般构筑物的荷载应按现行国家标准《建筑结构荷载规范》GB 50009 的规定执行。

2 公路和城市道路桥梁的荷载及组合应按现行行业标准《城市桥梁设计规范》CJJ 11、《公路桥涵设计通用规范》JTG D60 的规定执行。

3 铁路桥梁的荷载应按现行行业标准《铁路桥涵设计基本规范》TB 10002.1 的规定执行。

4 轨道交通桥梁的荷载应按现行国家标准《地铁设计规范》GB 50157 和现行上海市工程建设规范《城市轨道交通设计规范》DGJ 08—109 的规定执行。

3.1.6 缓粘结预应力混凝土构件应根据设计状况进行承载能力极限状态计算及正常使用极限状态验算，并应对施工阶段进行验算。结构设计计算除符合本标准规定外，尚应符合下列标准的规定：

1 房屋和一般构筑物应符合现行国家标准《混凝土结构设计规范》GB 50010、现行行业标准《预应力混凝土结构设计规范》JGJ 369、现行上海市工程建设规范《预应力混凝土结构设计规范》DGJ 08—69 的规定。

2 公路和城市道路桥梁应符合现行行业标准《公路钢筋混凝土及预应力混凝土桥涵设计规范》JTG 3362、《城市桥梁设计规范》CJJ 11 的规定。

3 铁路和轨道交通桥梁应符合现行国家标准《地铁设计规范》GB 50157、现行行业标准《铁路桥涵混凝土结构设计规范》TB 10092 的规定。

3.1.7 缓粘结预应力混凝土结构的抗震设计，除符合本标准规定外，尚应符合下列标准的规定：

1 房屋和一般构筑物的抗震设计应符合现行国家标准《建筑抗震设计规范》GB 50011、现行行业标准《预应力混凝土结构抗震设计规范》JGJ 140 的规定。

  2 公路和城市道路桥梁的抗震设计应符合现行行业标准《城市桥梁抗震设计规范》CJJ 166 的规定。

  3 铁路和轨道交通桥梁的抗震设计应符合现行国家标准《铁路工程抗震设计规范》GB 50111、《城市轨道交通结构抗震设计规范》GB 50909 的规定。

3.1.8 缓粘结预应力构件的施工与验收的要求,除符合本标准规定外,尚应符合下列标准的规定:

  1 房屋和一般构筑物的施工及验收应符合现行国家标准《混凝土结构工程施工质量验收规范》GB 50204 的规定。

  2 公路和城市道路桥梁的施工及验收应符合现行行业标准《公路桥涵施工技术规范》JTGT 3650、《城市桥梁工程施工与质量验收规范》CJJ 2 的规定。

  3 铁路和轨道交通桥梁的施工及验收应符合现行行业标准《铁路桥涵工程施工质量验收标准》TB 10415、《铁路混凝土工程施工质量验收标准》TB 10424 的规定。

3.1.9 缓粘结预应力混凝土结构的抗火设计应符合现行行业标准《预应力混凝土结构设计规范》JGJ 369、现行上海市工程建设规范《预应力混凝土结构设计规程》DGJ 08—69 的规定。

3.1.10 缓粘结预应力混凝土结构设计应计入预应力作用效应;对超静定结构,次内力应参与组合计算。

3.1.11 缓粘结预应力混凝土结构中的混凝土可采用超高性能混凝土。房屋和一般构筑物、公路与城市道路桥梁、铁路与轨道交通桥梁均可采用缓粘结预应力超高性能混凝土结构。

3.1.12 缓粘结预应力筋的张拉控制应力 σ_{con} 不宜超过 $0.75f_{ptk}$,且不应超过 $0.80f_{ptk}$,其中 f_{ptk} 为缓粘结预应力筋内钢绞线的极限强度标准值。

3.1.13 缓粘结预应力筋采用曲线形布置时,可不考虑偏心率的影响。

3.1.14 缓粘结预应力超高性能混凝土结构应按本标准第 9 章的规定进行设计与计算。

3.1.15 采用热固型缓粘结材料的缓粘结预应力筋不宜用于大体积混凝土构件。采用热固型缓粘结材料的缓粘结预应力筋在未张拉前，构件不得采用蒸汽养护。

3.2 结构内力分析

3.2.1 除特别规定外，缓粘结预应力混凝土结构的内力和变形分析可假定结构与构件处于弹性工作状态，内力和变形分析可采用线性静力方法或线性动力方法，分析时宜采用约束次内力法。

3.2.2 复杂约束结构体系应考虑施加缓粘结预应力对整体结构的影响。其中结构构件次内力的计算，应考虑时间效应、空间效应进行整体分析，并应进行主体结构施工全过程力学分析。

3.2.3 缓粘结预应力混凝土结构应按各种受力工况进行整体受力分析。包括预加力作用、温度作用、收缩徐变作用、约束作用和基础不均匀沉陷作用以及由于荷载偏心所产生的扭转和横向均匀分布荷载等作用与相应的组合。

3.2.4 构件的施工阶段及正常使用极限状态验算，应将预加力作用计为荷载。除疲劳验算外，在计算构件的承载能力极限状态的抗力时，应将预应力筋的强度限值提供的抗力计为结构抗力的一部分。

3.2.5 正常使用极限状态内力分析应符合下列规定：

 1 由预加力引起的内力和变形宜采用约束次内力法计算。当采用等效荷载法计算时，次剪力宜根据结构构件各截面次弯矩分布按结构力学方法计算。

 2 构件截面或板单元宽度的几何特征可按毛截面（不计钢筋）计算。

3.2.6 承载能力极限状态内力分析应符合下列规定：

 1 承载能力极限状态的内力与变形分析可采用弹性理论分

析法。

2 承载能力极限状态的内力与变形也可按塑性理论分析,其计算截面与按弹性理论分析时相同。

3.2.7 构件、截面或各种计算单元的受力-变形本构关系宜符合实际受力情况。某些变形较大的构件或节点进行局部精细分析时,宜考虑缓粘结预应力筋与混凝土间的粘结-滑移本构关系(图3.2.7)。缓粘结预应力筋与普通混凝土和UHPC间的粘结应力-滑移本构关系可按下列规定确定,曲线特征参数宜根据试验取值,若无试验,可按公式计算。

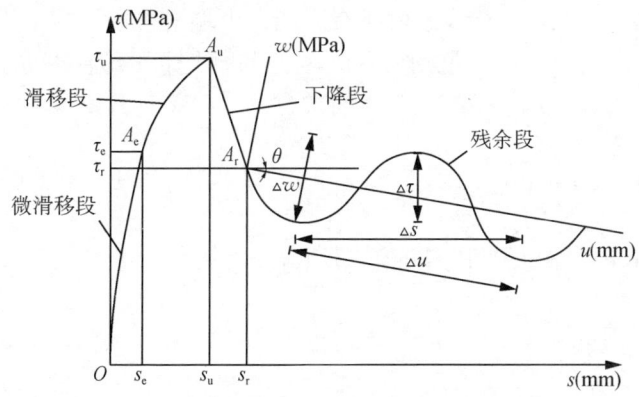

图 3.2.7 缓粘结预应力钢绞线粘结-滑移本构模型

微滑移段 $\quad \tau = \tau_e \left(\dfrac{s}{s_e}\right)^{\alpha_1} \quad s_e \leqslant s \leqslant s_u \quad (3.2.7-1)$

滑移段 $\tau = (\tau_u - \tau_e) \left(\dfrac{s - s_e}{s_u - s_e}\right)^{\alpha_2} + \tau_e \quad 0 \leqslant s \leqslant s_e \quad (3.2.7-2)$

下降段 $\tau = \tau_u + \dfrac{\tau_r - \tau_u}{s_r - s_u}(s - s_u) \quad s_u \leqslant s \leqslant s_r \quad (3.2.7-3)$

残余段 $\quad w = \dfrac{\Delta w}{2} \sin\left(\dfrac{u}{\Delta u} 2\pi + \pi\right) \quad s > s_r \quad (3.2.7-4)$

$$w = \tau_r + \frac{\tau - \tau_r}{\cos\theta} + (s - s_r)\sin\theta - (\tau - \tau_r)\sin\theta\tan\theta$$

(3.2.7-5)

$$u = (s - s_r)\cos\theta - (\tau - \tau_r)\sin\theta \quad (3.2.7\text{-}6)$$

$$\Delta w = \Delta\tau\cos\theta \quad (3.2.7\text{-}7)$$

$$\Delta u = \Delta s/\cos\theta \quad (3.2.7\text{-}8)$$

式中：τ_e，τ_u，τ_r——弹性点、峰值点和残余点对应的粘结应力；

s_e，s_u，s_r——弹性点、峰值点和残余点所对应的自由端滑移；

$\Delta\tau$——残余段所有周期粘结应力幅值的平均值；

Δs——残余段所有周期自由端滑移幅值的平均值；

θ——残余段局部坐标系与原坐标系 x 轴之间的夹角；

α_1，α_2——不大于 1 的常数。

$$\tau_e = \left[0.096 \times \left(-1.115\frac{c}{d} + 5.2\right) \times \left(1.453\frac{d}{L_{cb}} + 0.008\right) \times \right.$$
$$\left.\left(1.84\frac{L_{tb}}{d} + 0.423\right) + 0.667\right]\sqrt{f_{ck}} \quad (3.2.7\text{-}9)$$

$$\tau_u = \left[0.122 \times \left(-1.367\frac{c}{d} + 5.872\right) \times \left(1.584\frac{d}{L_{cb}} - 0.139\right) \times \right.$$
$$\left.\left(-0.018\frac{L_{tb}}{d} + 6.828\right) + 0.96\right]\sqrt{f_{ck}} \quad (3.2.7\text{-}10)$$

$$\tau_r = 0.72\tau_u \quad (3.2.7\text{-}11)$$

$$s_e = 0.313\frac{c}{d} + 0.477\frac{d}{L_{cb}} - 0.056\frac{L_{tb}}{d} - 0.2$$

(3.2.7-12)

$$s_u = 0.53\frac{c}{d} + 1.572\frac{d}{L_{cb}} - 0.048\frac{L_{tb}}{d} + 0.2$$

(3.2.7-13)

$$s_r = 6.72 \quad (3.2.7\text{-}14)$$

$$\Delta\tau = 0.223\tau_u \quad (3.2.7\text{-}15)$$

$$\Delta s = 11.57 \quad (3.2.7\text{-}16)$$

$$\theta = 0.015\,6\,\frac{180}{\pi}\tau_u \quad (3.2.7\text{-}17)$$

式中：d——缓粘结钢绞线直径；

c——缓粘结预应力筋外边缘与混凝土外边缘的保护层厚度；

L_{cb}——缓粘结预应力筋与混凝土的粘结长度；

L_{tb}——缓粘结预应力筋不与混凝土粘结的长度；

f_{ck}——普通混凝土轴心抗压强度标准值，对于 UHPC，f_{ck}采用 UHPC 轴心抗压强度标准值 f_{Uck}。

3.3 预应力损失值计算

3.3.1 缓粘结预应力筋中的预应力损失值可按表 3.3.1 的规定计算。

表 3.3.1 预应力损失值（N/mm²）

引起损失的因素		符号	损失计算
张拉端锚具变形、钢筋内缩和接缝压缩		σ_{l1}	按本标准第 3.3.4 条和第 3.3.5 条的规定计算
预应力钢筋的摩擦	与护套之间的摩擦	σ_{l2}	按本标准第 3.3.6 条的规定计算
	张拉端锚口损失		按实测值和厂家提供的数据计算
预应力钢筋的应力松弛		σ_{l4}	按本标准第 3.3.7 条的规定计算
混凝土的收缩和徐变		σ_{l5}	按本标准第 3.3.8 条的规定计算
用螺旋式预应力钢筋作配筋的环形构件，当直径 $d \leqslant 3$ m 时，由于混凝土的局部挤压		σ_{l6}	30
混凝土弹性压缩		σ_{l7}	按本标准第 3.3.9 条的规定计算

3.3.2 当计算求得的缓粘结预应力筋的预应力总损失值小于 80 N/mm² 时，应按 80 N/mm² 取用。

3.3.3 预应力构件在各阶段的预应力损失值宜按表 3.3.3 的规定进行组合。

表 3.3.3 各阶段预应力损失值的组合

预应力损失值的组合	损失值
混凝土预压前(第一批)损失 σ_l^I	$\sigma_{l1}+\sigma_{l2}$
混凝土预压后(第二批)损失 σ_l^{II}	$\sigma_{l4}+\sigma_{l5}+\sigma_{l6}$

3.3.4 缓粘结预应力直线筋由于锚具变形、预应力钢筋内缩和接缝压缩引起的预应力损失值 σ_{l1} 可按式(3.3.4)计算：

$$\sigma_{l1}=\frac{a}{l}E_s \qquad (3.3.4)$$

式中：a——张拉端锚具变形和钢筋内缩值(mm)，可按表 3.3.4 采用；
　　　l——张拉端至锚固端之间的距离(mm)；
　　　E_s——预应力钢筋弹性模量。

表 3.3.4 锚具变形和钢筋内缩值 a

锚具、接缝类型		a(mm)
支承式锚具(钢丝束镦头锚具等)	螺帽缝隙	1
	每块后加垫板的缝隙	1
夹片式锚具	有顶压时	5
	无顶压时	6～8
带螺帽锚具的螺帽间隙		1～3
墩头锚具		1
每块后加垫板的缝隙		2
水泥砂浆接缝		1
环氧树脂砂浆接缝		1

注：1 表中的锚具变形和钢筋内缩值也可根据实测数据确定；其他类型的锚具变形和钢筋内缩值应根据实测数据确定。
　　2 带螺帽锚具采用一次张拉锚固时，a 宜取 2 mm～3 mm；采用二次张拉锚固时，a 可取 1 mm。

块体拼成的结构,其预应力损失尚应计及块体间填缝的预压变形。当采用混凝土或砂浆为填缝材料时,每条填缝的预压变形值可取为 1 mm。

3.3.5 缓粘结预应力曲线钢筋或折线钢筋由于锚具变形、预应力钢筋内缩和接缝压缩引起的预应力损失值 σ_{l1},应根据缓粘结预应力曲线钢筋或折线钢筋与护套之间反向摩擦影响长度 l_f 范围内的预应力钢筋变形值等于锚具变形和钢筋内缩值的条件确定,反向摩擦系数可按本标准表 3.3.6 中的数值采用。

1 抛物线形缓粘结预应力钢筋可近似按圆弧形曲线预应力钢筋考虑。当其对应的圆心角 $\theta \leqslant 30°$ 时(图 3.3.5-1),由于锚具变形和钢筋内缩,在反向摩擦影响长度 l_f 范围内的预应力损失值 σ_{l1} 可按式(3.3.5-1)计算:

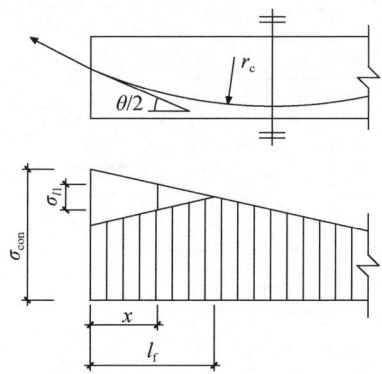

图 3.3.5-1 圆弧形曲线预应力钢筋的预应力损失 σ_{l1}

$$\sigma_{l1} = 2\sigma_{con} l_f \left(\frac{\mu}{r_c} + \kappa\right)\left(1 - \frac{x}{l_f}\right) \quad (3.3.5\text{-}1)$$

反向摩擦影响长度 l_f(m)可按式(3.3.5-2)计算:

$$l_f = \sqrt{\frac{aE_s}{1\,000\sigma_{con}(\mu/r_c + \kappa)}} \quad (3.3.5\text{-}2)$$

式中：r_c——圆弧形曲线预应力钢筋的曲率半径(m)；

x——张拉端至计算截面的距离(m)；

a——张拉端锚具变形和钢筋内缩值(mm)，按表3.3.4采用；

E_s——预应力钢筋弹性模量。

2 端部为直线(直线长度为l_0)，而后由两条圆弧形曲线(圆弧对应的圆心角$\theta \leqslant 30°$)组成的缓粘结预应力钢筋(图3.3.5-2)，由于锚具变形和钢筋内缩，在反向摩擦影响长度l_f范围内的预应力损失值σ_{l1}可按下列公式计算：

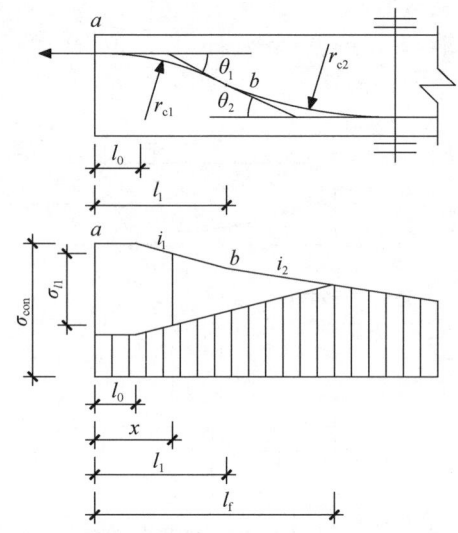

图3.3.5-2 两条圆弧形曲线组成的预应力钢筋的预应力损失σ_{l1}

当$x \leqslant l_0$时

$$\sigma_{l1} = 2i_1(l_1 - l_0) + 2i_2(l_f - l_1) \quad (3.3.5-3)$$

当$l_0 < x \leqslant l_1$时

$$\sigma_{l1} = 2i_1(l_1 - x) + 2i_2(l_f - l_1) \quad (3.3.5-4)$$

当 $l_1 < x \leqslant l_f$ 时

$$\sigma_{l1} = 2i_2(l_f - x) \quad (3.3.5\text{-}5)$$

反向摩擦影响长度 l_f(m)可按下列公式计算：

$$l_f = \sqrt{\frac{aE_s}{1\,000i_2} - \frac{i_1(l_1^2 - l_0^2)}{i_2} + l_1^2} \quad (3.3.5\text{-}6)$$

$$i_1 = \sigma_a(k + \mu/r_{c1}) \quad (3.3.5\text{-}7)$$

$$i_2 = \sigma_b(k + \mu/r_{c2}) \quad (3.3.5\text{-}8)$$

式中：l_1——预应力钢筋张拉端起点至反弯点的水平投影长度；

i_1, i_2——第一、二段圆弧形曲线预应力钢筋中应力近似直线变化的斜率；

r_{c1}, r_{c2}——第一、二段圆弧形曲线预应力钢筋的曲率半径；

σ_a, σ_b——预应力钢筋在 a、b 点的应力。

3 当折线形缓粘结预应力钢筋的锚固损失消失于折点 c 之外时(图 3.3.5-3)，由于锚具变形和钢筋内缩，在反向摩擦影响长度 l_f 范围内的预应力损失值 σ_{l1} 可按下列公式计算：

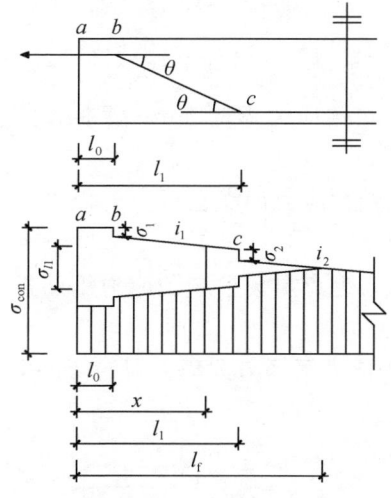

图 3.3.5-3　折线形预应力钢筋的预应力损失 σ_{l1}

当 $x \leqslant l_0$ 时

$$\sigma_{l1} = 2\sigma_1 + 2i_1(l_1 - l_0) + 2\sigma_2 + 2i_2(l_f - l_1) \quad (3.3.5\text{-}9)$$

当 $l_0 < x \leqslant l_1$ 时

$$\sigma_{l1} = 2i_1(l_1 - x) + 2\sigma_2 + 2i_2(l_f - l_1) \quad (3.3.5\text{-}10)$$

当 $l_1 < x \leqslant l_f$ 时

$$\sigma_{l1} = 2i_2(l_f - x) \quad (3.3.5\text{-}11)$$

反向摩擦影响长度 l_f(m)可按下列公式计算：

$$l_f = \sqrt{\frac{aE_s}{1\,000i_2} - \frac{i_1(l_1-l_0)^2 + 2i_1 l_0(l_1-l_0) + 2\sigma_2 l_1}{i_2} + l_1^2}$$

$$(3.3.5\text{-}12)$$

$$i_1 = \sigma_{con}(1-\mu\theta)k \quad (3.3.5\text{-}13)$$

$$i_2 = \sigma_{con}[1 - k(l_1 - l_0)](1-\mu\theta)^2 k \quad (3.3.5\text{-}14)$$

$$\sigma_1 = \sigma_{con}\mu\theta \quad (3.3.5\text{-}15)$$

$$\sigma_2 = \sigma_{con}[1 - k(l_1 - l_0)](1-\mu\theta)\mu\theta \quad (3.3.5\text{-}16)$$

式中：i_1——缓粘结预应力钢筋在 bc 段中应力近似直线变化的斜率；

i_2——缓粘结预应力钢筋在折点 c 以外应力近似直线变化的斜率；

l_1——张拉端起点至缓粘结预应力钢筋折点 c 的水平投影长度。

3.3.6 缓粘结预应力钢筋与护套之间的摩擦引起的预应力损失值 σ_{l2}（图 3.3.6），宜按式（3.3.6-1）计算：

$$\sigma_{l2} = \sigma_{con}\left(1 - \frac{1}{e^{\kappa x + \mu\theta}}\right) \quad (3.3.6\text{-}1)$$

当$(\kappa x+\mu\theta)\leqslant 0.3$时,$\sigma_{l2}$可按式(3.3.6-2)近似计算:

$$\sigma_{l2}=(\kappa x+\mu\theta)\sigma_{con} \quad (3.3.6-2)$$

式中：x——从张拉端至计算截面的长度,亦可近似取该段在纵轴上的投影长度(m);

θ——张拉端至计算截面曲线部分切线的夹角(rad);

κ——考虑每米长度局部偏差的摩擦系数,可按表3.3.6采用;

μ——缓粘结预应力钢筋与护套之间的摩擦系数,可按表3.3.6采用。

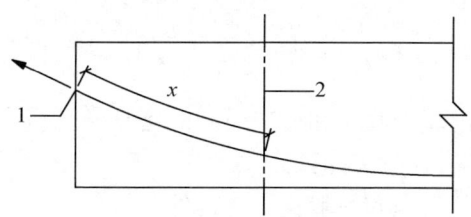

1—张拉端；2—计算截面

图 3.3.6 预应力摩擦损失计算

表 3.3.6 缓粘结预应力筋的摩擦系数

缓粘结预应力筋类型	κ	μ
15.2 mm、17.8 mm、21.6 mm、21.8 mm、28.6 mm 直径钢绞线	0.006	0.12
预应力钢棒	0.003	—

注：1 表中系数也可根据本标准附录B方法实测数据确定或由厂家提供。
　　2 对于临近张拉适用期的缓粘结预应力筋应实测摩擦系数。

3.3.7 缓粘结预应力钢筋的应力松弛引起的预应力损失 σ_{l4} 宜按下列规定计算：

1 普通松弛

$$\sigma_{l4}=0.4\psi\left(\frac{\sigma_{con}}{f_{ptk}}-0.5\right)\sigma_{con} \quad (3.3.7-1)$$

此处,一次张拉时,$\psi=1.0$;采用超张拉时,$\psi=0.9$。

2 低松弛

当 $\sigma_{con} \leqslant 0.5 f_{ptk}$ 时

$$\sigma_{l4} = 0$$

当 $0.5 f_{ptk} < \sigma_{con} \leqslant 0.7 f_{ptk}$ 时

$$\sigma_{l4} = 0.125 \left(\frac{\sigma_{con}}{f_{ptk}} - 0.5 \right) \sigma_{con} \qquad (3.3.7-2)$$

当 $0.7 f_{ptk} < \sigma_{con} \leqslant 0.8 f_{ptk}$ 时

$$\sigma_{l4} = 0.2 \left(\frac{\sigma_{con}}{f_{ptk}} - 0.575 \right) \sigma_{con} \qquad (3.3.7-3)$$

3.3.8 由于混凝土收缩和徐变引起的缓粘结预应力筋应力损失终极值 σ_{l5},按下列公式计算:

1 对一般房屋和一般构筑物构件

$$\sigma_{l5} = \frac{55 + 300 \dfrac{\sigma_{pc}}{f'_{cu}}}{1 + 15\rho} \qquad (3.3.8-1)$$

$$\sigma'_{l5} = \frac{55 + 300 \dfrac{\sigma'_{pc}}{f'_{cu}}}{1 + 15\rho'} \qquad (3.3.8-2)$$

式中:σ_{pc},σ'_{pc}——在受拉区、受压区预应力钢筋合力点处的混凝土法向压应力。

　　　　f'_{cu}——施加预应力时的混凝土立方体抗压强度。

　　　　ρ,ρ'——受拉区、受压区预应力钢筋和普通钢筋的配筋率:$\rho=(A_p+A_s)/A_n$,$\rho'=(A'_p+A'_s)/A_n$;对于对称配置缓粘结预应力钢筋和普通钢筋的构件,配筋率 ρ、ρ' 应按钢筋总截面面积的一半计算。

计算受拉区、受压区预应力钢筋合力点处的混凝土法向压应力 σ_{pc}、σ'_{pc} 时,预应力损失值仅考虑混凝土预压前(前一批)的损失,普通钢筋中的应力 σ_{l5}、σ'_{l5} 值应取为零;σ_{pc}、σ'_{pc} 值不得大于 $0.5 f'_{cu}$;当 σ'_{pc} 为拉应力时,式(3.3.8-2)中的 σ'_{pc} 应取为零。计算混凝土法向应力 σ_{pc}、σ'_{pc} 时,可根据构件制作情况考虑自重的影响。

当结构处于年平均相对湿度低于 40% 的环境下,σ_{l5} 及 σ'_{l5} 值应增加 30%。

2 对重要的房屋和一般构筑物构件,当需要考虑与时间相关的混凝土收缩、徐变及钢筋应力松弛预应力损失值时,可按现行国家标准《混凝土结构设计规范》GB 50010 附录 K 进行计算。

3 对于公路与城市道路桥梁,由于混凝土的收缩和徐变引起的预应力损失,应按现行行业标准《公路钢筋混凝土及预应力混凝土桥涵设计规范》JTG 3362 的相关要求进行计算。

4 对铁路与轨道交通桥梁,由于混凝土的收缩和徐变引起的预应力损失,应按现行行业标准《铁路桥涵混凝土结构设计规范》TB 10092 的相关要求进行计算。

注:当采用泵送混凝土时,宜根据实际情况考虑混凝土收缩、徐变引起预应力损失值的增大。

3.3.9 缓粘结预应力筋采用分批张拉时,应考虑后批张拉预应力筋所产生的混凝土弹性变形对先批张拉预应力筋的影响,可将先批张拉预应力筋的张拉控制应力值 σ_{con} 增加 $\alpha_E \sigma_{pci}$。此处,α_E 为预应力筋弹性模量与混凝土弹性模量之比,σ_{pci} 为后批张拉预应力筋在先批张拉预应力筋重心处产生的混凝土法向压应力。

4 材 料

4.1 混凝土及普通钢筋

4.1.1 当采用缓粘结预应力筋,或者配合以钢绞线、钢丝、预应力螺纹钢筋作为预应力钢筋时,混凝土强度等级不宜低于C40。

4.1.2 对于缓粘结预应力超高性能混凝土结构,超高性能混凝土材料应符合现行国家标准《活性粉末混凝土》GB/T 31387 的相应要求,且钢纤维体积掺量不应小于1.5%,其力学性能指标应按本标准第9章进行取值。

4.1.3 预应力混凝土结构的普通钢筋应按下列规定选用:

　　1 纵向受力普通钢筋可采用 HRB400、HRB500、HRBF400、HRBF500、RRB400、HPB300 钢筋;梁、柱和斜撑构件的纵向受力普通钢筋宜采用 HRB400、HRB500、HRBF400、HRBF500 钢筋。

　　2 箍筋宜采用 HRB400、HRBF400、HPB300、HRB500、HRBF500 钢筋。

4.2 缓粘结预应力筋

4.2.1 缓粘结预应力筋应符合现行行业标准《缓粘结预应力钢绞线》JG/T 369 的规定。当预应力筋布置在混凝土截面内时,应采用带横肋缓粘结预应力筋;当作为体外预应力束时,可采用无横肋缓粘结预应力筋。

4.2.2 缓粘结预应力筋采用的钢绞线应连续生产,每盘由一根钢绞线组成,不应有接头,盘放内径不宜小于1.6 m;长度不大于12 m 时宜捆绑运输。

4.2.3 缓粘结预应力筋采用的预应力钢绞线抗拉强度标准值应具有不小于 95% 的保证率。缓粘结预应力筋内钢绞线规格和力学性能见表 4.2.3。

表 4.2.3 缓粘结预应力筋规格

缓粘结预应力筋种类	钢绞线公称直径(mm)	钢绞线公称面积(mm²)	缓粘结筋最大外径(mm)	缓粘结材料厚度(mm)	极限强度标准值 f_{ptk}(N/mm²)
1×7	15.2	140	19.0	1.0	1 860~2 460
	17.8	191	21.8	1.0	
	21.6	285	26.2	1.15~1.25	
1×19	21.8	313	26.4	1.15~1.25	
	28.6	532	33.2	1.15~1.25	

注：1 符合现行国家标准《预应力混凝土用钢绞线》GB/T 5224 力学性能规定要求的钢绞线均可制成缓粘结预应力筋供工程使用，但在使用时必须测定其相应粘结锚固性能。
2 经供需双方同意，可采用表中所列规格及强度级别以外的预应力钢绞线，应依据现行国家标准《预应力混凝土用钢绞线》GB/T 5224 及《预应力混凝土用钢材试验方法》GB/T 21839 出具相应型式检验报告。
3 应力腐蚀试验按现行国家标准《预应力混凝土用钢材试验方法》GB/T 21839 的规定执行，在实际最大力 F_{max} 的 80% 时，钢绞线在溶液 A 内腐蚀试验时间应按标准规定的不同裂缝控制等级选用。
4 带肋缓粘结预应力筋一般肋高为 1.2 mm。

4.2.4 缓粘结预应力筋内钢绞线的弹性模量 E_s 宜取 1.95×10^5 N/mm²。在张拉施工时，应根据缓粘结预应力筋内钢绞线弹性模量的实测值计算张拉伸长值。

4.2.5 承受疲劳荷载作用的缓粘结预应力混凝土结构，缓粘结预应力筋内钢绞线应能经受 2×10^6 次、疲劳应力幅值 190 MPa 的脉动负荷后而不断裂，疲劳试验应按现行国家标准《预应力混凝土用钢材试验方法》GB/T 21839 的规定进行。

4.2.6 缓粘结预应力筋内钢绞线在最大设计荷载作用下的总伸长率 δ_{gt} 不应小于 3.5%。

4.3 缓粘结材料

4.3.1 缓粘结材料初始粘度、固化后的拉伸剪切强度、弯曲强度、抗压强度及固化后耐久性等应符合现行行业标准《缓粘结预应力钢绞线专用粘合剂》JG/T 370 的规定。

4.3.2 缓粘结材料应沿预应力钢绞线全长连续充填且均匀饱满。常用缓粘结预应力筋内缓粘结材料涂量应符合表 4.3.2 的规定。

表 4.3.2 缓粘结预应力筋内缓粘结材料涂量

缓粘结预应力筋种类	钢绞线公称直径(mm)	无肋缓粘结预应力筋缓粘结材料涂量(g/m)	带肋缓粘结预应力筋缓粘结材料涂量(g/m)
1×7	15.2	≥190	≥230
1×7	17.8	≥230	≥320
1×7	21.6	≥270	≥350
1×19	21.8	≥280	≥360
1×19	28.6	≥420	≥530

4.3.3 缓粘结材料应有良好的化学稳定性，对周围其他材料无侵蚀作用。缓粘结材料的主要物理、力学性能指标应满足表 4.3.3-1 的要求，缓粘结材料的标准固化时间与标准张拉适用期的关系应按照表 4.3.3-2 采用。

表 4.3.3-1 缓粘结材料的主要物理、力学性能

材料密度 (g/cm^3)	初始粘度 (mPa·s)	pH 值	固化后强度(N/mm^2)			固化后耐湿热老化和高低温交变性能
			抗压	弯曲	拉伸剪切	
1.95±0.10	(1~10)×10^4	7~8	≥50	≥20	≥10	拉伸剪切强度下降率≤15%

表 4.3.3-2 缓粘结材料标准固化时间与标准张拉适用期关系

标准固化时间(d),容许误差(d)	标准张拉适用期(d),容许误差(d)
180，±30	60，±10
270，±30	90，±15
360，±30	120，±20
720，±30	240，±40

注：1 有可靠试验数据时,也可采用表 4.3.3-1 和表 4.3.3-2 所列以外的缓粘结材料制作缓粘结预应力筋。
  2 不同温度下固化时间和张拉适用期可参考厂家产品说明书。

4.4 护 套

4.4.1 缓粘结预应力筋外包护套宜采用挤塑型聚乙烯,严禁使用聚氯乙烯、聚丙烯,其材料拉伸强度、弯曲屈服强度、断裂伸长率等性能指标应符合现行国家标准《聚乙烯(PE)树脂》GB/T 11115 的规定。

4.4.2 缓粘结预应力筋外包护套应薄厚均匀、横肋分明,尺寸应满足表 4.4.2 的要求。

表 4.4.2 常用缓粘结预应力筋的护套规格

钢绞线公称直径(mm)	护套厚度(mm)	护套肋宽(mm)	护套肋高(mm)	护套肋间距 l (mm)
15.2，17.8	1.0 (-0.2～+0.4)	(0.4～0.7)l	≥1.2	10.0～16.0
21.6，21.8	1.5 (0～+0.4)		≥1.5	
28.6				

注：公称直径 15.20 mm 钢绞线制成的缓粘结预应力筋是后张预应力结构中最常用的型号。

5 缓粘结预应力锚固体系

5.1 预应力用锚具、夹具和连接器

5.1.1 缓粘结预应力筋的锚具应根据缓粘结预应力筋的品种、张拉力值及工程应用的环境类别选定。对常用的单根钢绞线,其张拉端宜采用单孔夹片锚具,埋入式固定端宜采用挤压锚具或经预紧的垫板连体式夹片锚具。当分段缓粘结预应力筋需要连接时,可采用连接器连接。

5.1.2 预应力筋用锚具的性能除应符合本章要求外,尚应符合现行国家标准《预应力筋用锚具、夹具和连接器》GB/T 14370 和现行行业标准《预应力筋用锚具、夹具和连接器应用技术规程》JGJ 85 的规定。

5.1.3 预应力筋-锚具组装件的静载锚固性能,应由预应力筋-锚具组装件静载试验测定的锚具效率系数(η_a)和达到实测极限拉力时组装件受力长度的总应变(ε_{apu})确定,并应符合现行国家标准《预应力筋用锚具、夹具和连接器》GB/T 14370 的规定。

5.1.4 承受低应力或动荷载的夹片式锚具应具有防松性能。

5.1.5 当锚具使用环境温度低于 $-50\degree\text{C}$ 时,锚具尚应符合低温锚固性能要求。

5.1.6 预应力筋用锚具应符合现行行业标准《预应力筋用锚具、夹具和连接器应用技术规程》JGJ 85 规定的锚垫板传力性能要求。锚具效率系数应符合现行行业标准《无粘结预应力混凝土结构技术规程》JGJ 92 的相关规定。

5.2 预应力短索锚固体系

5.2.1 腹板竖向和顶、底板横向缓粘结短索体系的张拉端锚具应采用低回缩锚具,固定端锚具应采用P型锚具系统,不得采用夹片式锚具的放张作为最终锚固手段。顶板横向缓粘结短索体系宜采用低回缩锚具,固定端锚具宜采用P型锚具系统。

5.2.2 缓粘结预应力短索-低回缩锚具和P型锚具组装件的锚固性能,应符合下列要求:

$$\eta_a \geqslant 0.95 \qquad (5.2.2-1)$$

$$\varepsilon_{apu} \geqslant 2.0\% \qquad (5.2.2-2)$$

式中:η_a——预应力筋-锚具组装件静载试验测得的锚具效率系数;

ε_{apu}——预应力筋-锚具组装件达到实测极限拉力时的总应变。

5.2.3 低回缩锚具除应符合现行行业标准《铁路工程预应力筋用夹片式锚具、夹具和连接器》TB/T 3193中的通用要求外,还应符合下列要求:

1 令锚杯螺纹与支承螺母螺纹处在5牙扣咬合的状态,加载额定工作荷载的1.5倍,并持荷5 min,然后卸载,此时螺纹应能旋合自如,不得出现需用外力敲击后才能旋出的现象。

2 生产厂家型式试验时,锚杯螺纹与支承螺母在5牙扣咬合长度状态下,螺纹破坏荷载应大于等于1.7倍额定工作荷载。

3 最终锚固后,锚杯螺纹与支承螺母螺纹咬合长度应大于等于5牙扣,放张回缩值小于等于1 mm。

5.2.4 缓粘结预应力短索-低回缩锚具和P型锚具组装件的疲劳荷载性能、周期荷载性能和其他基本性能均应满足现行行业标准《铁路工程预应力筋用夹片式锚具、夹具和连接器》TB/T

3193 的要求。

5.2.5 张拉端锚具锚固后缓粘结预应力筋内部钢绞线的回缩量应小于 2 mm。

5.2.6 低回缩锚具宜采用下列构造型式：

1 张拉端低回缩锚具，由夹片、锚杯、支承螺母、垫板、螺旋筋等部分组成，其结构如图 5.2.6 所示。

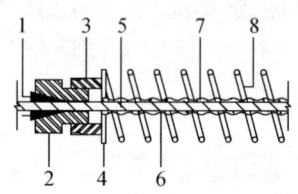

1—夹片；2—锚杯；3—支承螺母；4—垫板；5—钢绞线；
6—护套；7—缓粘结材料；8—螺旋筋

图 5.2.6 张拉端构造

2 低回缩锚具的锚杯圆柱（或圆台）内设置有夹片座套，外周应为螺纹，螺纹牙距宜为 2 mm，支承螺母螺纹应与锚杯螺纹一致，且为间隙配合。

3 低回缩锚具的垫板材料宜为 HT200 铸铁，铸件不允许有砂、气孔等缺陷。支承锚杯的垫板平面应采用机械加工。

5.2.7 低回缩锚固系统固定端 P 型锚具系统应采用下列构造型式：

1 固定端 P 型锚具系统，由挤压套、垫板、螺旋筋、压板等部件组成，其结构如图 5.2.7 所示。

2 固定端 P 锚的弹簧宜采用三角弹簧，其热处理硬度宜大于等于 63HRC。挤压套宜采用优质合金结构钢，其热处理硬度宜为 6HRC～20HRC。

3 固定端 P 锚垫板宜采用 Q235 钢板，厚度宜大于等于 18 mm。穿钢绞线孔的直径宜取 $1.05\phi \sim 1.15\phi$（ϕ 为缓粘结预应力筋内钢绞线公称直径）。

4 压板及压板连接杆组件应将 P 锚压紧在固定端垫板上时无明显变形。

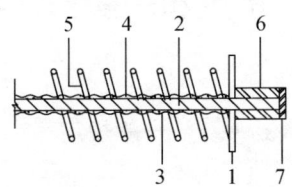

1—垫板；2—钢绞线；3—护套；4—缓粘结材料；
5—螺旋筋；6—挤压套；7—压板

图 5.2.7 锚固端构造

5.2.8 竖向缓粘结预应力短索纵向间距宜相同，间距宜取 300 mm～700 mm。

5.2.9 竖向缓粘结预应力短索线形设计一般为直线。如有特殊要求，其曲率半径不宜小于 6 m。

5.2.10 当缓粘结预应力短索的计算伸长量小于 25 mm 或索长小于 5 m 时，可采用单次张拉，其余的宜采用倒缸张拉。

6 房屋和一般构筑物

6.1 一般规定

6.1.1 正常使用极限状态的结构构件验算时,应分别按荷载效应的标准组合与准永久组合控制应力、变形、裂缝等计算值不超过相应的规范限值。荷载效应的标准组合与准永久组合应符合本标准第 3.1.5 条的规定。

6.1.2 正常使用极限状态验算时,构件截面应力的计算可采用材料力学公式,截面几何特征可按下列规定采用:

  1 在缓粘结材料固化前,应采用扣除缓粘结预应力筋所占截面的净截面,预应力筋与混凝土粘结后可采用换算截面。

  2 截面应力对计算应力或控制条件影响不大时,也可采用毛截面计算。

6.1.3 消压弯矩和消压轴力应符合下列规定:

  1 缓粘结预应力混凝土受弯构件混凝土受拉边缘预压应力抵消至零时的消压弯矩,应按下式计算:

$$M_0 = \sigma_c W \qquad (6.1.3\text{-}1)$$

式中:σ_c——预加力作用下受弯构件混凝土受拉边缘的有效预压应力(计入构件自重引起的应力);

  W——构件对应受拉边缘的截面抵抗矩。

  2 缓粘结预应力混凝土轴心受拉构件混凝土预压应力抵消至零时的消压轴力,应按下式计算:

$$N_0 = \sigma_c A \qquad (6.1.3\text{-}2)$$

式中:σ_c——预加力作用下轴心受拉构件混凝土有效预压应力;

A——构件截面面积。

6.1.4 缓粘结预应力混凝土构件的预应力度应按下式计算：

1 受弯构件

$$\lambda_0 = \frac{M_0}{M_k} \quad (6.1.4-1)$$

2 轴拉构件

$$\lambda_0 = \frac{N_0}{N_k} \quad (6.1.4-2)$$

式中：M_0——消压弯矩，见本标准第 6.1.3 条；

M_k——荷载标准组合作用下控制截面的弯矩；

N_0——消压轴力，见本标准第 6.1.3 条；

N_k——荷载标准组合作用下控制截面的轴向拉力。

6.1.5 预应力度应根据现行上海市工程建设规范《预应力混凝土结构设计规程》DGJ 08—69 计算，预应力度应满足下列限值要求：

1 全预应力混凝土结构，预应力度宜满足 $\lambda_0 \geqslant 1$；部分预应力混凝土，预应力度宜满足 $0 < \lambda_0 < 1$。

2 房屋和一般构筑物应按部分预应力混凝土设计，预应力度宜满足 $\lambda_0 \leqslant 0.75$。

6.1.6 房屋和一般构筑物预应力混凝土结构设计时，预应力度可近似用预应力强度比度量，预应力强度比 λ 定义：

$$\lambda = \frac{f_{py} A_p h_p}{f_{py} A_p h_p + f_y A_s h_s} \quad (6.1.6)$$

预应力强度比 λ 应根据构件的抗震等级加以确定。

6.1.7 房屋和一般构筑物中缓粘结预应力超高性能混凝土结构的设计应符合本标准第 9 章的规定。

6.2 设计与计算

6.2.1 缓粘结预应力混凝土结构构件正截面的裂缝控制等级分为下述三级：

1 一级——严格要求不出现裂缝的构件，按荷载标准组合计算时，构件受拉边缘混凝土不应产生拉应力。

2 二级Ⅰ类——一般要求不出现裂缝的构件，按荷载标准组合计算时，构件受拉边缘混凝土拉应力不应大于混凝土抗拉强度标准值。

3 二级Ⅱ类——一般允许出现裂缝的构件，按荷载标准组合并考虑长期作用影响计算时，构件的最大裂缝宽度不应超过表 6.2.2 规定的最大裂缝宽度值；按荷载效应准永久组合计算时，构件受拉边缘混凝土拉应力不应大于混凝土抗拉强度标准值。

4 三级——允许出现裂缝的构件，按荷载标准组合并考虑长期作用影响计算时，构件的最大裂缝宽度不应超过表 6.2.2 规定的最大裂缝宽度值限制。

6.2.2 缓粘结预应力混凝土结构构件应根据现行国家标准《混凝土结构设计规范》GB 50010 的环境类别，按表 6.2.2 的规定选用不同的裂缝控制等级及最大裂缝宽度限值 ω_{lim}。

表 6.2.2 缓粘结预应力混凝土结构构件的裂缝控制等级及最大裂缝宽度限值(mm)

环境类别		三级抗裂	二级抗裂		一级抗裂
			Ⅱ类	Ⅰ类	
一		0.30(0.40)	0.20	—	—
二	a	0.20	0.10	—	—
	b	0.20	—	—	—

续表6.2.2

环境类别	三级抗裂	二级抗裂		一级抗裂
		Ⅱ类	Ⅰ类	
三	0.20	—	—	—

注：1 对于年平均相对湿度小于60%地区一类环境下的受弯构件，其最大裂缝宽度限值可采用括号内的数值。
  2 表中的规定适用于采用缓粘结预应力筋的预应力混凝土构件。按本标准第4.2.3条规定的应力腐蚀试验，一级或二级抗裂设计时，采用的钢绞线在溶液A内腐蚀试验时间应满足最小值2.0h，中间值≥5.0h；三级抗裂设计时，应力腐蚀试验时间应满足最小值5.0h，中间值≥8.0h。当采用其他类别的预应力筋时，其裂缝控制要求可按专门标准确定。
  3 在一类环境下，对缓粘结预应力混凝土屋架、托架及双向板体系，应按二级Ⅰ类裂缝控制等级进行验算；对一类环境下的缓粘结预应力混凝土屋面梁、托梁及单向板，应按二级Ⅱ类裂缝控制等级进行验算；在一类和二a类环境下需作疲劳验算的缓粘结预应力混凝土吊车梁，应按裂缝控制等级不低于二级Ⅰ类的构件进行验算。
  4 表中规定的缓粘结预应力混凝土构件的裂缝控制等级和最大裂缝宽度限值仅适用于正截面的验算。
  5 对于处于四、五类环境下的结构构件，其裂缝控制要求应符合专门标准的有关规定。
  6 表中的最大裂缝宽度限值用于验算荷载作用引起的最大裂缝宽度。

6.2.3 缓粘结预应力混凝土构件，应根据本标准第6.2.2条的规定按所处环境类别确定相应的裂缝控制等级及最大裂缝宽度限值并按下列规定进行受拉边缘应力或正截面裂缝宽度验算：

1 一级裂缝控制等级，在荷载标准组合下构件受拉边缘应力应符合下式规定：

$$\sigma_{ck} - \sigma_{pc} \leqslant 0 \quad (6.2.3\text{-}1)$$

2 二级Ⅰ类裂缝控制等级，在荷载标准组合下构件受拉边缘应力应符合下式规定：

$$\sigma_{ck} - \sigma_{pc} \leqslant f_{tk} \quad (6.2.3\text{-}2)$$

在荷载准永久组合下构件受拉边缘应力宜符合下式规定：

$$\sigma_{cq} - \sigma_{pc} \leqslant 0 \quad (6.2.3\text{-}3)$$

3 二级Ⅱ类裂缝控制等级,构件最大裂缝宽度可按荷载标准组合并考虑长期作用影响的效应计算。最大裂缝宽度应符合下式规定:

$$\omega_{max} \leqslant \omega_{lim} \qquad (6.2.3-4)$$

且在荷载准永久组合下,构件受拉边缘应力尚应符合下式规定:

$$\sigma_{cq} - \sigma_{pc} \leqslant f_{tk} \qquad (6.2.3-5)$$

4 三级裂缝控制等级,构件最大裂缝宽度可按荷载标准组合并考虑长期作用影响的效应计算。最大裂缝宽度应符合下式规定:

$$\omega_{max} \leqslant \omega_{lim} \qquad (6.2.3-6)$$

式中:σ_{ck},σ_{cq}——荷载标准组合、准永久组合下抗裂验算边缘的混凝土法向应力;

σ_{pc}——扣除全部预应力损失后在抗裂验算边缘混凝土的预压应力;

f_{tk}——混凝土轴心抗拉强度标准值;

ω_{max}——按荷载效应的标准组合并考虑长期作用影响计算的最大裂缝宽度,按本标准第6.2.4条计算;

ω_{lim}——最大裂缝宽度限值按本标准第6.2.2条采用。

注:对受弯和大偏心受压的预应力混凝土构件,其预拉区在施工阶段出现裂缝的区段,公式(6.2.3-1)至公式(6.2.3-5)中的σ_{pc}应乘以系数0.9。

6.2.4 在矩形、T形、倒T形和I形截面的缓粘结预应力混凝土轴心受拉和受弯构件中,按荷载标准组合并考虑长期作用影响的最大裂缝宽度(mm)可按下列公式计算:

$$\omega_{max} = \alpha_{cr}\psi \frac{\sigma_{sk}}{E_s}\left(1.9c_s + 0.08\frac{d_{eq}}{\rho_{te}}\right) \qquad (6.2.4-1)$$

$$\psi = 1.1 - 0.65\frac{f_{tk}}{\rho_{te}\sigma_{sk}} \qquad (6.2.4-2)$$

$$d_{eq}=\frac{\sum n_i d_i^2}{\sum n_i \upsilon_i d_i} \quad (6.2.4-3)$$

$$\rho_{te}=\frac{A_s+A_p}{A_{te}} \quad (6.2.4-4)$$

式中：α_{cr}——构件受力特征系数，按表 6.2.4-1 采用。

ψ——裂缝间纵向受拉钢筋应变不均匀系数。当 $\psi<0.2$ 时，取 $\psi=0.2$；当 $\psi>1$ 时，取 $\psi=1$；对直接承受重复荷载的构件，取 $\psi=1$。

σ_{sk}——按荷载标准组合计算的缓粘结预应力混凝土构件纵向受拉钢筋的等效应力，按本标准第 6.2.5 条计算。

E_s——钢筋弹性模量。

c_s——最外层纵向受拉钢筋外边缘至受拉区底边的距离（mm）。当 $c_s<20$ 时，取 $c_s=20$；当 $c_s>65$ 时，取 $c_s=65$。

ρ_{te}——按有效受拉混凝土截面面积计算的纵向受拉钢筋配筋率。在最大裂缝宽度计算中，当 $\rho_{te}<0.01$ 时，取 $\rho_{te}=0.01$。

A_{te}——有效受拉混凝土截面面积。对轴心受拉构件，取构件截面面积；对受弯、偏心受压和偏心受拉构件，取 $A_{te}=0.5bh+(b_f-b)h_f$，此处 b_f、h_f 为受拉翼缘的宽度、高度。

A_s——受拉区纵向普通钢筋截面面积。

A_p——受拉区纵向预应力筋截面面积。

d_{eq}——受拉区纵向钢筋的等效直径（mm）。

d_i——受拉区第 i 种纵向钢筋的公称直径（mm）。缓粘结材料固化后，直径取为 $\sqrt{n_1 d_{p1}}$，其中 d_{p1} 为单根缓粘结预应力筋的公称直径，n_1 为单根钢绞线根数。

n_i——受拉区第 i 种纵向钢筋的根数，取为缓粘结预应力筋数。

v_i——受拉区第 i 种纵向钢筋的相对粘结特性系数,按表6.2.4-2采用。

注:对承受吊车荷载但不需作疲劳验算的受弯构件,可将计算求得的最大裂缝宽度乘以系数0.85。

表6.2.4-1 构件受力特征系数

类型	α_{cr}
受弯、偏心受压	1.5
偏心受拉	—
轴心受拉	2.2

表6.2.4-2 钢筋的相对粘结特性系数

钢筋类别	普通钢筋		缓粘结预应力筋
	光面钢筋	带肋钢筋	
v_i	0.7	1.0	0.5

6.2.5 在荷载标准组合下,缓粘结预应力混凝土构件受拉区纵向钢筋的等效应力可按下列公式计算:

1 轴心受拉构件

$$\sigma_{sk}=\frac{N_k-N_{p0}\pm N_2}{A_p+A_s} \quad (6.2.5-1)$$

2 受弯构件

对缓粘结预应力混凝土受弯构件

$$\sigma_{sk}=\frac{M_k\pm M_2-N_{p0}(z-e_p)-N_2\left(z-\frac{h}{2}+a\right)}{(A_p+A_s)z} \quad (6.2.5-2)$$

$$z=\left[0.87-0.12(1-\gamma'_f)\left(\frac{h_0}{e}\right)^2\right]h_0 \quad (6.2.5-3)$$

$$e = \frac{M_k \pm M_2 + N_{p0}e_p + N_2\left(\dfrac{h}{2} - a\right)}{N_{p0} + N_2} \quad (6.2.5\text{-}4)$$

$$\gamma'_f = \frac{(b'_f - b)h'_f}{bh_0} \quad (6.2.5\text{-}5)$$

3 偏心受拉构件

$$\sigma_{sk} = \frac{M_k \pm M_2 + (N_k \pm N_2)\left(z - \dfrac{h}{2} + a\right) - N_{p0}(z - e_p)}{(A_p + A_s)z}$$
$$(6.2.5\text{-}6)$$

$$e = \frac{M_k \pm M_2 + N_{p0}e_p - (N_k \pm N_2)\left(\dfrac{h}{2} - a\right)}{N_{p0} - (N_k \pm N_2)}$$
$$(6.2.5\text{-}7)$$

式中 z、γ'_f 的取值同式(6.2.5-3)、式(6.2.5-5)。

4 偏心受压构件

$$\sigma_{sk} = \frac{M_k \pm M_2 - (N_k \pm N_2)\left(z - \dfrac{h}{2} + a\right) - N_{p0}(z - e_p)}{(A_p + A_s)z}$$
$$(6.2.5\text{-}8)$$

$$e = \frac{M_k \pm M_2 + N_{p0}e_p + (N_k \pm N_2)\left(\dfrac{h}{2} - a\right)}{N_{p0} + (N_k \pm N_2)}$$
$$(6.2.5\text{-}9)$$

式中 z、γ'_f 的取值同式(6.2.5-3)、式(6.2.5-5)。

$$M_{cr} = (\sigma_{pc} + \gamma f_{tk})W_0 \quad (6.2.5\text{-}10)$$

式中：A_p——受拉区纵向缓粘结预应力钢筋截面面积。对轴心受拉构件,取全部纵向缓粘结预应力钢筋截面面积;对受弯构件,取受拉区纵向缓粘结预应力钢筋截面面积。

z——受拉区纵向普通钢筋和缓粘结预应力筋合力点至截面受压区合力点的距离。

e_p——计算截面混凝土法向预应力等于零时全部纵向缓粘结预应力和普通钢筋的合力 N_{p0} 的作用点至受拉区纵向缓粘结预应力筋和普通钢筋合力点的距离。

e——轴向压力作用点至纵向受拉普通钢筋合力点的距离。

M_2——由预加力在缓粘结预应力混凝土超静定结构中产生的次弯矩。

N_2——由预加力在缓粘结预应力混凝土超静定结构中产生的次轴力。

γ'_f——受压翼缘截面面积与腹板有效截面面积的比值。

b'_f、h'_f——受压翼缘的宽度、高度。在式(6.2.5-5)中,当 $h'_f>0.2h_0$ 时,取 $h'_f=0.2h_0$。

注:在式(6.2.5-2)、式(6.2.5-4)及式(6.2.5-7)~式(6.2.5-9)中,当 M_2 与 M_k 的作用方向相同时取加号;当 M_2 与 M_k 的作用方向相反时取减号。在式(6.2.5-1)及式(6.2.5-6)~式(6.2.5-9)中,当 N_2 与 N_k 的作用方向相同时取加号;当 N_2 与 N_k 的作用方向相反时取减号。

6.2.6 对于承受疲劳荷载作用的缓粘结预应力混凝土结构,疲劳验算应按现行国家标准《混凝土结构设计规范》GB 50010 的规定执行。对于配置极限强度标准值为 1 860 N/mm² 钢绞线的缓粘结预应力筋,其疲劳应力幅值可取 140 N/mm²。

6.3 构 造

6.3.1 缓粘结预应力混凝土梁截面高度 $h>800$ mm 时箍筋直径不宜小于 8 mm,截面高度 $h\leqslant800$ mm 时箍筋直径不宜小于

6 mm,箍筋间距不大于 250 mm。在 T 形截面梁的翼缘中,应设闭合式箍筋。构件在缓粘结预应力钢筋弯折处应加密箍筋。

6.3.2 构件中缓粘结预应力筋的混凝土保护层最小厚度应符合下列规定:

1 构件中受力筋的保护层厚度不应小于钢筋的公称直径 d。

2 设计使用年限为 50 年的混凝土结构,最外层受力筋的保护层厚度应符合表 6.3.2 的规定;设计使用年限为 100 年的混凝土结构,最外层受力筋的保护层厚度不应小于表 6.3.2 中数值的 1.4 倍。

表 6.3.2 混凝土保护层最小厚度(mm)

环境类别	板、墙、壳	梁、柱、杆
一	15	20
二 a	20	25
二 b	25	35
三 a	30	40
三 b	40	50

6.3.3 缓粘结预应力混凝土构件的曲线缓粘结预应力筋束的曲率半径 r_p 宜按公式(6.3.3)确定,但不宜小于 4 m。

$$r_p \geqslant \frac{P}{0.35 f_c d_p} \quad (6.3.3)$$

式中:P——预应力的合力设计值,可按上海市工程建设规范《预应力混凝土结构设计规程》DGJ 08—69 的规定确定;

r_p——缓粘结预应力筋的曲率半径(m);

d_p——缓粘结预应力筋束的等效外径,取 $\sqrt{n}d_e$,其中 n 为缓粘结预应力筋的根数,d_e 为单根缓粘结预应力筋包括外包护套公称直径,公称直径 15.20 mm 的钢绞线包括外包护套后公称直径取 20.0 mm;

f_c——混凝土轴心抗压强度设计值。当验算张拉阶段曲率半径时,可取与施工阶段混凝土立方体抗压强度 f'_{cu} 对应的抗压强度设计值 f'_c,按现行国家标准《混凝土结构设计规范》GB 50010 表 4.1.4-1 以线性内插法确定。

对于折线配筋的构件,在缓粘结预应力筋弯折处的曲率半径可适当减小。当曲率半径 r_p 不满足上述要求时,可在曲线缓粘结预应力筋弯折处内侧设置钢筋网片或螺旋筋。曲线缓粘结预应力筋的端头,应有与之相切的直线段,直线段长度不应小于 300 mm。

6.3.4 缓粘结预应力筋固定端可利用挤压锚具或压花锚具采取内埋式做法,其埋设位置应超过支座中心线,并宜错开 300 mm。距梁柱侧面边缘不小于 40 mm。

6.3.5 锚具后面的间接钢筋可采用钢筋网片,附加箍筋或螺旋筋。钢筋直径不小于 $\phi10$。钢筋网片尺寸不宜小于承压钢板尺寸,至少 4 片;螺旋筋的直径不宜小于承压钢板的边长,至少 4 圈,圈内径宜大于锚垫板对角线长度或直径,且螺旋筋的圈内径所围面积与锚垫板端面轮廓所围面积之比不应小于 1.25,螺旋筋应与锚具对中,螺旋筋的首圈钢筋距锚垫板的距离不宜大于 25 mm。

6.3.6 采用梁端部加宽锚固或梁端局部加腋的形式,应在梁加宽长度范围或加腋处缓粘结预应力筋水平弯折围内加配防崩钢筋。当沿构件凹面布置曲线缓粘结预应力筋时,应根据现行上海市工程建设规范《预应力混凝土结构设计规程》DGJ 08—69 进行防崩裂设计。

6.3.7 当缓粘结预应力筋锚固于梁的跨间时,锚具应布置在活荷载作用下内力变化不明显的区域,锚具在截面中的位置应尽量位于截面形心处,因锚具而削弱的构件截面,必要时以普通钢筋加强或用其他措施补强。

6.3.8 对于埋置在混凝土构件内的锚具,在预应力张拉完成后,应先在其周围配置钢筋网,然后灌注混凝土。

6.3.9 预应力筋在构件端部全部弯起的受弯构件,当构件端部与下部支承构件焊接时,应考虑混凝土收缩、徐变及温度变化所产生的不利影响,宜在构件端部可能产生裂缝的部位设置纵向构造钢筋。

6.3.10 缓粘结预应力混凝土板中缓粘结预应力筋宜单根布置,也可并束布置,并束时预应力钢绞线宜为2根。当采取并束布置时,各根应保持平行走向,防止相互扭绞;单根或并束间距不宜大于板厚的6倍,且不宜大于1m;现浇混凝土空心楼板可采用带状束的缓粘结预应力筋布置,带状束的预应力钢绞线根数不宜多于2根,间距不宜超过12倍板厚,且不宜大于2.4m。

7 公路与城市道路桥梁

7.1 一般规定

7.1.1 缓粘结预应力钢束可用于桥梁的各类预应力混凝土构件,包括各种形式的主梁及桥面板、腹板、局部构造节点等。

7.1.2 缓粘结预应力混凝土构件的混凝土强度等级宜不低于 C45。

7.1.3 公路与城市道路桥梁中缓粘结预应力超高性能混凝土结构的设计应符合本标准第 9 章的规定。

7.1.4 公路与城市道路桥梁结构的作用组合、设计与计算、构造要求除应满足本标准的规定外,尚应符合现行行业标准《公路钢筋混凝土及预应力混凝土桥涵设计规范》JTG 3362 的规定。

7.2 设计与计算

7.2.1 持久状况正常使用状态下的斜截面抗裂验算,当采用低回缩锚具缓粘结预应力筋施加竖向预应力时,应按照实际有效预应力计算。

7.2.2 采用缓粘结预应力筋的 B 类预应力混凝土构件,持久状况的最大裂缝宽度限值可为 0.15 mm。

7.2.3 持久状况、短暂状况构件的应力计算,应符合现行行业标准《公路钢筋混凝土及预应力混凝土桥涵设计规范》JTG 3362 的规定。

7.3 构 造

7.3.1 缓粘结预应力筋的保护层,单根布置时不应小于普通钢筋的保护层厚度,成束布置时限值应增加 30 mm。

7.3.2 曲线腹板构件中的预应力钢筋引起出平面预应力分力对保护层厚度的要求及相应措施,应符合现行行业标准《公路钢筋混凝土及预应力混凝土桥涵设计规范》JTG 3362 的规定。

7.3.3 缓粘结预应力筋在布置中应与普通钢筋进行绑扎固定,固定点钢束直线段宜不小于 500 mm,曲线段应适当加密。

7.3.4 公路与城市道路桥梁结构中的缓粘结预应力筋可采用成束布置,一束不宜大于 7 根。

7.3.5 曲线布置缓粘结预应力筋时,当缓粘结预应力筋内钢绞线的钢丝直径小于等于 5 mm 时,缓粘结预应力筋的曲率半径不宜小于 4 m;当缓粘结预应力筋内钢绞线的钢丝直径大于等于 5 mm 时,缓粘结预应力筋的曲率半径不宜小于 6 m。

7.3.6 端部锚固钢绞线单根的间距不应小于 60 mm。锚固端部直线长度不应小于 300 mm。

8 铁路与轨道交通桥梁

8.1 一般规定

8.1.1 缓粘结预应力钢束可用于铁路桥梁的各类混凝土构件的体内预应力束,包括各种形式的主梁及桥面板、腹板抗剪、局部受力构件。当作为体外钢束使用时,宜预留更换条件。

8.1.2 铁路桥梁预应力构件预应力度不宜小于 0.7,预应力混凝土桥涵结构的强度、抗裂性、应力、裂缝宽度及变形检算应符合下列规定:

1 按破坏阶段检算构件截面强度。构件在预加应力、运送、安装和运营阶段的破坏强度安全系数不应低于铁路规范规定的数值。

2 对不允许出现拉应力的预应力混凝土结构,按弹性阶段检算截面抗裂性,但在运营阶段正截面抗裂性检算中应计入混凝土受拉塑性变形的影响。构件的抗裂安全系数不应低于铁路规范规定的数值。

3 按弹性阶段检算预加应力、运送、安装和运营等阶段构件内的应力;对允许开裂的预应力混凝土结构,检算运营阶段应力时,不应计入开裂截面受拉区混凝土的作用。

4 运营阶段正截面混凝土拉应力超过 $0.7f_{ct}$ 时应按开裂截面计算。允许开裂的预应力混凝土结构,应检算其在运营阶段和架桥机通过时开裂截面的裂缝宽度。

5 梁的变形(挠度和转角)可按弹性阶段计算。

8.1.3 设计选用的缓粘结预应力筋适用期应满足施工期的要求。摩阻系数偏差宜进行同环境条件试验校验。

8.1.4 铁路与轨道交通桥梁中缓粘结预应力超高性能混凝土结构的设计应符合本标准第 9 章的规定。

8.2 设计与计算

8.2.1 运营阶段结构计算应符合下列规定：
1 预加应力产生的混凝土正应力、设计荷载产生的应力、梁体斜截面主拉应力、主压应力按照现行行业标准《铁路桥涵混凝土结构设计规范》TB 10092 的要求计算；对于不允许出现拉应力的构件，检算正截面以及斜截面抗裂性；在设计荷载下，正截面混凝土压应力、受拉区应力按现行行业标准《铁路桥涵混凝土结构设计规范》TB 10092 要求检算。
2 运营阶段设计荷载下，预应力钢筋的最大应力不大于 $0.6f_{pk}$。
3 承受疲劳荷载的构件，应检算预应力筋的疲劳应力幅。

8.2.2 施工阶段结构计算应符合下列规定：
1 预加应力过程中，钢绞线锚下控制应力不应大于 $0.75f_{pk}$。对于拉丝式体系，不应超过 $0.8f_{pk}$。
2 传力锚固阶段，钢绞线应力不宜大于 $0.65f_{pk}$。
3 传力锚固或存梁阶段，混凝土压应力、强度及稳定性能均应按现行行业标准《铁路桥涵混凝土结构设计规范》TB 10092 计算。
4 运送及安装阶段，混凝土应力应按现行行业标准《铁路桥涵混凝土结构设计规范》TB 10092 要求检算。

8.3 构 造

8.3.1 缓粘结预应力筋的净保护层，单根布置时不应小于普通钢筋的保护层厚度，成束布置时限值应增加 30 mm。

8.3.2 采用缓粘结预应力混凝土的受弯构件最小配筋率应满足现行行业标准《铁路桥涵混凝土结构设计规范》TB 10092 的相关规定。

8.3.3 曲线布置缓粘结预应力筋,当缓粘结预应力筋内钢绞线的钢丝直径小于 5 mm 时,缓粘结预应力筋的曲率半径不宜小于 4 m;当缓粘结预应力筋内钢绞线的钢丝直径大于等于 5 mm 时,缓粘结预应力筋的曲率半径不宜小于 6 m。

8.3.4 端部锚固钢绞线单根的间距不应小于 60 mm。锚固端部切直线长度不应小于 300 mm。

9 超高性能混凝土结构

9.1 一般规定

9.1.1 缓粘结预应力超高性能混凝土结构设计内容应包括结构方案设计、作用与作用效应分析、正常使用状态和极限状态设计与验算、构造及耐久性设计等。

9.1.2 缓粘结预应力超高性能混凝土受弯构件挠度限值、裂缝控制等级划分、最大裂缝宽度限值应按照现行国家标准《混凝土结构设计规范》GB 50010 的有关规定执行。

9.1.3 缓粘结预应力超高性能混凝土结构的耐久性设计的内容和环境类别划分应按照现行国家标准《混凝土结构耐久性设计标准》GB/T 50476 的有关规定执行。

9.1.4 缓粘结预应力超高性能混凝土构件中受力钢筋、构造钢筋以及预应力钢筋的型号及参数应按照现行国家标准《混凝土结构设计规范》GB 50010 的有关规定执行。

9.2 材 料

9.2.1 超高性能混凝土强度等级应按立方体抗压强度标准值确定。立方体抗压强度标准值系指按标准方法制作、养护的边长为 100 mm 立方体试件,在 28 d 或设计规定龄期以标准试验方法测得的具有 95% 保证率的抗压强度标准值。超高性能混凝土的分级和立方体抗压强度的标准值 $f_{Ucu,k}$ 应按表 9.2.1 采用。

表 9.2.1 超高性能混凝土立方体抗压强度的标准值 $f_{Ucu,k}$ (MPa)

强度等级	UC1	UC2	UC3	UC4
$f_{Ucu,k}$	100	120	150	180

9.2.2 超高性能混凝土轴心抗压强度的标准值 $f_{Uc,k}$ 应按表 9.2.2 采用。

表 9.2.2 超高性能混凝土轴心抗压强度的标准值 $f_{Uc,k}$ (MPa)

强度等级	UC1	UC2	UC3	UC4
$f_{Uc,k}$	70	84	105	112

9.2.3 超高性能混凝土轴心抗压强度设计值 f_{Uc} 应按表 9.2.3 采用。

表 9.2.3 超高性能混凝土轴心抗压强度的设计值 f_{Uc} (MPa)

强度等级	UC1	UC2	UC3	UC4
f_{Uc}	46	56	70	84

9.2.4 超高性能混凝土轴心抗拉强度标准值宜按照本标准附录 A 的要求通过试验确定。超高性能混凝土轴心抗拉性能分级为 UT1、UT2、UT3、UT4 四个等级,其中 UT1 为应变软化型,UT2、UT3、UT4 为不同程度应变硬化型(图 9.2.4),不同抗拉性能等级超高性能混凝土弹性极限抗拉强度的标准值 f_{Utek}、抗拉强度的标准值 f_{Utk} 以及抗拉强度对应的应变 ε_{Utu} 应按表 9.2.4 取值。

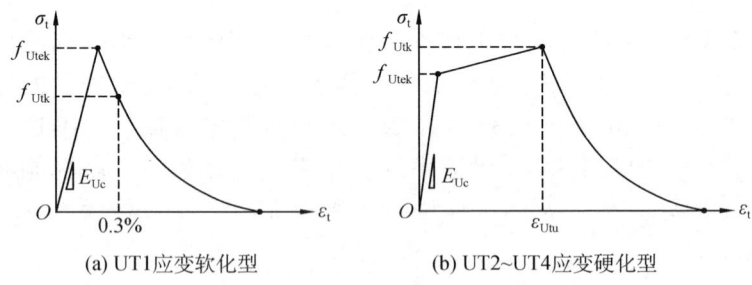

图 9.2.4 超高性能混凝土轴心抗拉性能

表 9.2.4 超高性能混凝土抗拉性能参数标准值（MPa）

强度等级	UT1	UT2	UT3	UT4
f_{Utek}	5.0	5.0	7.0	10.0
f_{Utk}	3.5	5.0	7.7	12.0
f_{Utk}/f_{Utek}	0.7	1.0	1.1	1.2
ε_{Utu}	—	0.10%	0.15%	0.20%

注：1 UT1 应变软化型超高性能混凝土的抗拉强度标准值 f_{Utk} 应按行业标准《钢纤维混凝土结构设计标准》JGJ/T 465—2019 附录 B 规定的混凝土残余弯拉强度测试方法，取切口张开宽度为 0.5 mm 时对应的残余弯拉强度标准值的 $f_{R,1k}$ 的 45%。
2 UT2、UT3、UT4 应变硬化型超高性能混凝土的抗拉强度标准值 f_{Utk} 取极限抗拉强度标准值。
3 同一等级中所列指标应同时满足。

9.2.5 超高性能混凝土弹性极限抗拉强度设计值 f_{Ute} 及轴心抗拉强度设计值 f_{Ut} 应按表 9.2.5 采用。

表 9.2.5 超高性能混凝土弹性极限抗拉强度设计值 f_{Ute} 及轴心抗拉强度设计值 f_{Ut}（MPa）

强度等级	UT1	UT2	UT3	UT4
f_{Ute}	3.6	3.6	5.0	7.1
f_{Ut}	2.6	3.6	5.5	8.5

9.2.6 超高性能混凝土受压和受拉的弹性模量 E_{Uc} 应按表 9.2.6 采用；当有可靠试验依据时，应按试验数据确定。超高性能混凝土的剪切变形模量 G_{Uc} 可按相应弹性模量的 40% 采用。超高性能混凝土的泊松比可按 0.2 采用。

表 9.2.6 超高性能混凝土受压和受拉弹性模量 E_{Uc}（GPa）

强度等级	UC1	UC2	UC3	UC4
E_{Uc}	40	42	45	48

9.2.7 超高性能混凝土设计时采用的单轴受压的应力-应变关系可按下列公式确定：

$$\sigma_c = E_{Uc}\varepsilon_c \quad (\varepsilon_c < \varepsilon_{Uc0}) \quad (9.2.7\text{-}1)$$

$$\sigma_c = f_{Uc} \quad (\varepsilon_{Uc0} \leqslant \varepsilon_c \leqslant \varepsilon_{Ucu}) \quad (9.2.7\text{-}2)$$

$$\varepsilon_{Ucu} = 0.0032 + (f_{Ucu,k} - 100) \times 10^{-5} \quad (9.2.7\text{-}3)$$

式中：σ_c——超高性能混凝土压应变为 ε_c 时的应力；

E_{Uc}——超高性能混凝土弹性模量；

f_{Uc}——超高性能混凝土轴心抗压强度设计值；

$f_{Ucu,k}$——超高性能混凝土立方体抗压强度标准值；

ε_{Uc0}——超高性能混凝土峰值应力对应的压应变；

ε_{Ucu}——超高性能混凝土极限压应变，当处于轴心受压时取为 ε_{Uc0}。

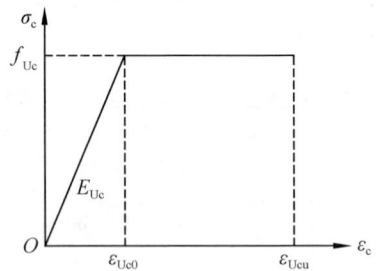

图 9.2.7　超高性能混凝土单轴受压应力与应变关系模型

9.2.8　应变软化型超高性能混凝土配筋构件设计时采用的单轴受拉的应力-应变关系[图 9.2.8(a)]可按式(9.2.8-1)、式(9.2.8-2)确定；应变硬化型超高性能混凝土配筋构件设计时采用的单轴受拉应力-应变关系[图 9.2.8(b)]可按式(9.2.8-3)、式(9.2.8-4)确定。

$$\sigma_t = E_{Uc}\varepsilon_t \quad (0 \leqslant \varepsilon_t < \varepsilon_{Ut0}) \quad (9.2.8\text{-}1)$$

$$\sigma_t = f_{Ut} \quad (\varepsilon_{Ut0} \leqslant \varepsilon_t \leqslant \varepsilon_{Utu}) \quad (9.2.8\text{-}2)$$

$$\sigma_t = E_{Uc}\varepsilon_t \quad (0 \leqslant \varepsilon_t < \varepsilon_{Ut0}) \quad (9.2.8\text{-}3)$$

$$\sigma_t = f_{Ute} \quad (\varepsilon_{Ut0} \leqslant \varepsilon_t \leqslant 2\varepsilon_{Utu}) \quad (9.2.8-4)$$

式中：σ_t——超高性能混凝土拉应变为 ε_t 时的应力（MPa）；
　　　f_{Ute}——超高性能混凝土弹性极限抗拉强度设计值（MPa）；
　　　f_{Ut}——超高性能混凝土轴心抗拉强度设计值（MPa）；
　　　E_{Uc}——超高性能混凝土弹性模量（MPa）；
　　　ε_{Ut0}——超高性能混凝土弹性极限拉应变（10^{-6}）；
　　　ε_{Utu}——超高性能混凝土抗拉强度对应的拉应变（10^{-6}），UT1 应变软化超高性能混凝土取 0.3‰，UT2～UT4 应变硬化超高性能混凝土按表 9.2.6 取值。

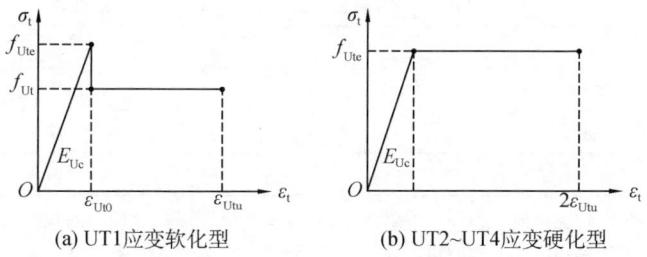

(a) UT1 应变软化型　　　(b) UT2~UT4 应变硬化型

图 9.2.8　超高性能混凝土设计单轴受拉应力-应变关系模型

9.2.9 当温度在 0℃ 到 100℃ 范围内时，超高性能混凝土的热工参数可按表 9.2.9 取值。

表 9.2.9　超高性能混凝土热工参数

线膨胀系数 α_c	导热系数 λ	比热容 c
1.1×10^{-5}/℃	18.5 kJ/(m·h·℃)	1.3 kJ/(kg·℃)

9.2.10 超高性能混凝土的徐变应变 ε_{cc} 可按下列公式计算：

$$\varepsilon_{cc} = \phi \sigma_{cp} / E_{Uct} \quad (9.2.10-1)$$

$$\phi = \phi_\infty \frac{(t-t_0)^{0.6}}{(t-t_0)^{0.6} + 10} \quad (9.2.10-2)$$

式中：ϕ——徐变系数；

ϕ_∞——徐变系数终值，可参考表 9.2.10 取值；

σ_{cp}——持续工作应力；

t_0——加载龄期；

E_{Uct}——超高性能混凝土加载时刻的弹性模量，宜通过试验予以确定。当无试验数据时，可根据加载时的强度按表 9.2.6 取值。

表 9.2.10 超高性能混凝土的徐变系数终值

加载龄期	徐变系数终值 ϕ_∞	
	常温保湿养护	湿热养护
4 d	1.80	0.50
7 d	1.70	0.48
14 d	1.50	0.42
28 d	1.20	0.30

注：超高性能混凝土构件若采用湿热养护，应要保证湿热养护的固化时间不会影响缓粘结预应力筋的张拉。

9.2.11 缓粘结预应力超高性能混凝土构件不宜采用湿热养护。当未采用湿热养护时，超高性能混凝土的收缩应变 ε_{sh} 可按下式进行计算：

$$\varepsilon_{sh} = 7.0 \times 10^{-4} e^{-\left(\frac{2.5}{\sqrt{t-0.5}}\right)} \tag{9.2.11}$$

式中，t 为计算时刻的龄期。

9.3 设计与计算

9.3.1 受弯构件正截面的承载力计算的基本假定应符合下列要求：

1 截面应变保持平面，即截面纤维应变与到中性轴的距离呈线性关系。

2 超高性能混凝土受压的应力-应变关系按本标准第9.2.7条规定确定。

3 超高性能混凝土受拉的应力-应变关系按本标准第9.2.8条规定确定。

4 纵向受力钢筋的应力取钢筋应变与其弹性模量的乘积，但其值应符合现行国家标准《混凝土结构设计规范》GB 50010的有关规定。

9.3.2 受弯构件、偏心受力构件受压区正截面承载力计算应符合下列规定：

1 受压区超高性能混凝土的压应力分布可简化为等效的矩形应力图。

2 等效矩形应力图的受压区高度 x 可根据平截面假定所确定的中性轴高度乘以系数 β_1 确定，β_1 取 0.69。

3 矩形应力图的应力值可按超高性能混凝土轴心抗压强度设计值 f_c 乘以系数 α_1 确定，α_1 取 0.88。

9.3.3 受弯构件、偏心受力构件受拉区正截面承载力计算应符合下列规定：

1 受拉区超高性能混凝土的拉应力分布可简化为等效的矩形应力图。

2 矩形应力图的应力值可按超高性能混凝土轴心抗拉强度设计值 f_t 乘以系数 k 确定，k 取 0.24。

9.3.4 受弯构件、偏心受力构件，纵向受拉钢筋屈服与受压区超高性能混凝土压脆同时发生（即界限破坏）时的相对受压区高度 ξ_b 宜按现行国家标准《混凝土结构设计规范》GB 50010的有关规定取值。系数 β_1 按照本标准第9.3.2条取值。混凝土受压时的峰值压应变 ε_{c0} 采用超高性能混凝土受压时的峰值压应变 ε_{Uc0}。

9.3.5 矩形、T形和I形截面受弯构件（图9.3.5），其正截面受弯承载力应分别符合下列规定：

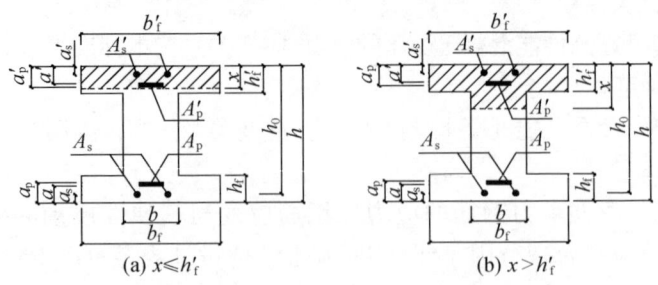

图 9.3.5 I形截面受弯构件受压区高度位置

1 进行正截面承载力计算,当受拉区缓粘结预应力筋处于有粘结预应力状态时,其预应力设计值 σ_{pu} 按式(9.3.5-1)取值;当受拉区缓粘结预应力筋处于无粘结预应力状态时,其预应力设计值 σ_{pu} 按式(9.3.5-2)计算。

$$\sigma_{pu} = f_{py} \quad (9.3.5\text{-}1)$$

$$\sigma_{pu} = \sigma_{pe} + \Delta\sigma_p \leqslant f_{py} \quad (9.3.5\text{-}2)$$

$$\Delta\sigma_p = (240 - 335\xi_p)\left(0.45 + 5.5\frac{h}{l_0}\right)\frac{l_2}{l_1} \quad (9.3.5\text{-}3)$$

$$\xi_p = \frac{\sigma_{pe}A_p + f_y A_s}{f_{Uc} b h_p} \quad (9.3.5\text{-}4)$$

式中:σ_{pu}——受拉区缓粘结预应力极值(N/mm^2);

f_{py}——缓粘结预应力筋的受拉强度设计值(N/mm^2);

σ_{pe}——受拉区纵向缓粘结预应力筋的有效预应力(N/mm^2);

$\Delta\sigma_p$——受拉区纵向缓粘结预应力筋的预应力增量(N/mm^2);

A_p——受拉区纵向缓粘结预应力筋的截面面积(mm^2);

ξ_p——综合配筋特征值,不宜大于0.4,对于连续梁、板取各跨内支座和跨中截面综合配筋特征值的平均值;

h——受弯构件截面高度;

h_p——缓粘结预应力筋合力点至截面受压边缘的距离;

l_1——缓粘结预应力筋两个锚固端间的总长度;

l_2——与 l_1 相关的由活荷载最不利布置图确定的荷载跨长度之和;

f_y——受拉区普通钢筋的抗拉强度设计值;

A_s——受拉区纵向普通钢筋的截面面积。

2 当满足下列条件时,应按宽度为 b'_f 的矩形截面计算:

$$\sigma_{pu}A_p + f_y A_s + k \cdot f_{Ut} b(h - x/\beta_1) + k \cdot f_{Ut}(b_f - b)h_f$$
$$\leqslant \alpha_1 f_{Uc} b'_f h'_f + f'_y A'_s - (\sigma'_{p0} - f'_{py})A'_p \quad (9.3.5\text{-}5)$$

$$M - M_2 - N_2\left(\frac{h}{2} - a\right) \leqslant \alpha_1 f_{Uc} b_f x \left(h_0 - \frac{x}{2}\right) -$$
$$A'_p(\sigma'_{p0} - f'_{py})(h_0 - a'_p) + f'_y A'_s(h_0 - a'_s)$$
$$+ k \cdot f_{Ut} b \left(h - \frac{x}{\beta_1}\right)\left[\frac{(\beta_1 h - x)}{2\beta_1} - a\right] -$$
$$k \cdot f_{Ut}(b_f - b)h_f\left(\frac{h_f}{2} - a\right) \quad (9.3.5\text{-}6)$$

受压区高度应按下式确定:

$$\alpha_1 f_{Uc} b'_f x - (\sigma'_{p0} - f'_{py})A'_p + f'_y A'_s = k \cdot f_{Ut} b\left(h - \frac{x}{\beta_1}\right) +$$
$$k \cdot f_{Ut}(b_f - b)h_f + f_y A_s + \sigma_{pu} A_p + N_2$$
$$(9.3.5\text{-}7)$$

3 当不满足式(9.3.5-1)的条件时,应按下式计算:

$$M - M_2 - N_2\left(\frac{h}{2} - a\right) \leqslant \alpha_1 f_{Uc}\left[bx\left(h_0 - \frac{x}{2}\right) +\right.$$
$$\left.(b'_f - b)h'_f\left(h_0 - \frac{h'_f}{2}\right)\right] - A'_p(\sigma'_{p0} - f'_{py})(h_0 - a'_p) +$$
$$f'_y A'_s(h_0 - a'_s) - k \cdot f_{Ut} b\left(h - \frac{x}{\beta}\right)\left[\frac{(\beta_1 h - x)}{2\beta_1} - a\right] -$$

$$k \cdot f_{\text{Ut}}(b_f - b)h_f\left(\frac{h_f}{2} - a\right) \quad (9.3.5\text{-}8)$$

受压区高度应按下式确定：

$$\begin{aligned}\alpha_1 f_{\text{Uc}}[bx + (b'_f - b)h'_f] - A'_p(\sigma'_{p0} - f'_{py}) + \\ f'_y A'_s = k \cdot f_{\text{Ut}} b\left(h - \frac{x}{\beta_1}\right) + k \cdot f_{\text{Ut}}(b_f - b)h_f + \\ f_y A_s + \sigma_{pu} A_p + N_2 \quad (9.3.5\text{-}9)\end{aligned}$$

式中：M——弯矩设计值；

M_2，N_2——由预加力在缓粘结预应力混凝土超静定结构中产生的次弯矩、次轴力设计值，在静定结构中 M_2 和 N_2 取 0；

f_y，f'_y——受拉区和受压区普通钢筋的抗拉强度设计值；

f_{py}，f'_{py}——缓粘结预应力筋的受拉和受压强度设计值（N/mm²）；

k——受拉区超高性能混凝土抗拉强度的折减系数；

A_s，A'_s——受拉区、受压区纵向普通钢筋的截面面积；

A_p，A'_p——受拉区、受压区纵向缓粘结预应力筋的截面面积（mm²）；

σ'_{p0}——受压区纵向预应力钢筋合力点处混凝土法向应力等于零时的缓粘结预应力钢筋应力；

b——矩形截面的宽度或倒 T 形截面的腹板宽度；

b_f——受拉区翼缘的宽度，对于矩形截面，$b_f = 0$；

b'_f——受压区翼缘的宽度，对于矩形截面，$b'_f = 0$；

h——截面高度；

h_0——截面有效高度；

h_f——受拉区翼缘高度；

a_s，a_p——受拉纵向普通钢筋合力点、缓粘结预应力筋合力点至截面受压边缘的距离；

a'_s，a'_p——受压区纵向普通钢筋合力点、缓粘结预应力筋合力点至截面受压边缘的距离；

a——纵向受拉普通钢筋和受拉缓粘结预应力筋的合力点至截面近边缘的距离;

a'——受压区全部纵向钢筋合力点至截面受压边缘的距离,当受压区未配置纵向缓粘结预应力钢筋或受压区纵向预应力钢筋应力$(\sigma'_{p0}-f'_{py})$为拉应力时,a'用a'_s代替。

9.3.6 缓粘结预应力超高性能混凝土矩形、T形和I形截面受弯构件的斜截面受剪承载能力计算时,剪力设计值的计算截面应按国家标准《混凝土结构设计规范》GB 50010—2010(2015年版)中第6.3.2条规定采用,受剪截面应满足下列要求:

1 当$h_w/b \leqslant 4$时

$$V \leqslant 0.2 f_{Uc} b h_0 \tag{9.3.6-1}$$

2 当$h_w/b \geqslant 6$时

$$V \leqslant 0.16 f_{Uc} b h_0 \tag{9.3.6-2}$$

3 当$4 \leqslant h_w/b \leqslant 6$时,按线性内插法确定。

式中:V——构件斜截面上的最大剪力设计值(N),包括预应力次剪力设计值V_2,其中当参与组合的次剪力对结构不利时,预应力分项系数应取1.2,有利时应取1.0。

f_{Uc}——超高性能混凝土轴心抗压强度设计值(MPa)。

b——矩形截面的宽度、T形截面或I形截面的腹板宽度(mm)。

h_0——截面有效高度(mm)。

h_w——截面的腹板高度(mm)。矩形截面,取有效高度;T形截面,取有效高度减去翼缘高度;I形截面,取腹板净高。

9.3.7 不配箍筋和弯起钢筋的超高性能混凝土一般板类受弯构件,其斜截面抗剪承载力应满足下式要求:

$$V \leqslant 0.7\beta_h f_{Ute}bh_0 + 0.3f_{Ut}bh_0 \qquad (9.3.7)$$

式中：β_h——截面高度影响系数，按现行国家标准《混凝土结构设计规范》GB 50010 的有关规定采用；

f_{Ute}——超高性能混凝土弹性极限抗拉强度设计值（MPa）；

f_{Ut}——超高性能混凝土抗拉强度设计值（MPa）。

9.3.8 当仅配置箍筋时，矩形、T 形和 I 形截面受弯构件斜截面受剪承载力 V 应满足下列公式要求：

$$V \leqslant V_{uc} + V_{sv} + V_p \qquad (9.3.8-1)$$

$$V_{uc} = \alpha_{cv} f_{Ute}bh_0 + 0.3f_{Ut}bh_0 \qquad (9.3.8-2)$$

$$V_{sv} = f_{yv}\frac{A_{sv}}{s}h_0 \qquad (9.3.8-3)$$

$$V_p = 0.05N_{p0} \qquad (9.3.8-4)$$

式中：V_{uc}——超高性能混凝土所提供的受剪承载力（N）。

V_{sv}——箍筋所提供的受剪承载力（N）。

V_p——由预加力提供的受剪承载力（N）。

f_{yv}——箍筋的抗拉强度设计值（MPa）。

s——沿构件长度方向的箍筋间距（mm）。

α_{cv}——斜截面超高性能混凝土受剪承载力系数。对于一般受弯构件取 0.7，对于集中荷载作用下的独立梁取 $\alpha_{cv} = 1.75/(\lambda+1)$，其中 λ 为剪跨比，当 λ 小于 1.5 时取 1.5；当 λ 大于 3.0 时取 3.0。

N_{p0}——计算截面上混凝土法向预应力等于零时的预加力（N），按行业标准《预应力混凝土结构设计规范》JGJ 369—2016 中第 5.5.3 条计算。

9.3.9 当配置有箍筋和弯起钢筋时，矩形、T 形和 I 形超高性能混凝土受弯构件斜截面受剪承载力应符合下式规定：

$$V \leqslant V_{uc} + V_{sv} + V_p + 0.8f_y A_{sb}\sin\alpha_s + 0.8f_{py}A_{pb}\sin\alpha_p$$
(9.3.9)

式中：A_{sb}——为同一平面内的弯起普通钢筋的截面面积(mm^2)；

A_{pb}——为同一平面内的弯起预应力筋的截面面积(mm^2)；

α_s，α_p——分别为斜截面上弯起普通钢筋、弯起预应力筋的切线与构件纵轴线的夹角(°)。

9.3.10 矩形、T形和I形截面一般受弯构件，当符合下式要求时，可不进行斜截面受剪承载力计算，但其箍筋的配置应满足构造要求。

$$V \leqslant V_{uc} + 0.05N_{p0}$$
(9.3.10)

9.3.11 缓粘结预应力超高性能混凝土受弯构件的裂缝控制等级、构件受拉边缘应力或正截面裂缝宽度验算应符合国家标准《混凝土结构设计规范》GB 50010—2010(2015年版)中第7.1.1条的规定，但应将混凝土轴心抗拉强度标准值用超高性能混凝土的弹性极限抗拉强度标准值代替。

9.3.12 三级裂缝控制等级时，对于采用UT2、UT3以及UT4应变硬化型缓粘结预应力超高性能混凝土构件，可不进行裂缝宽度验算。

9.3.13 三级裂缝控制等级时，对于采用UT1应变软化型缓粘结预应力超高性能混凝土构件，应按荷载效应的标准组合并考虑长期效应的影响验算裂缝宽度，其最大裂缝宽度可按下列公式计算：

$$w_{max} = \alpha_s \psi \frac{\sigma_s}{E_s}\left(2c_s + 0.28\phi\frac{d_{eq}}{\rho_{te}}\right)$$
(9.3.13-1)

$$\psi = 1 - 0.57(1+\alpha_E\rho_{te})\frac{f_{Utek} - f_{Utk}}{\rho_{te}\sigma_s}$$
(9.3.13-2)

$$\phi = 1 - \frac{f_{Utk}}{f_{Utek}}$$
(9.3.13-3)

$$\rho_{te} = \frac{A_s + A_p}{A_{te}} \tag{9.3.13-4}$$

式中：α_s —— 构件表面裂缝相对于受拉纵筋重心处的裂缝宽度放大系数（对于梁，可取 1.2；对于板，可取 1.35）；

ψ —— 裂缝间纵向受拉钢筋应变不均匀系数；

σ_s —— 按荷载准永久组合计算的钢筋超高性能混凝土构件纵向受拉普通钢筋应力或按标准组合计算的预应力超高性能混凝土构件纵向受拉钢筋等效应力（MPa）；

E_s —— 钢筋的弹性模量（MPa）；

c_s —— 最外层纵向受拉钢筋外边缘至受拉底边的距离（mm），应满足 $c_s \leqslant 75$ mm；

ϕ —— 应变软化型超高性能混凝土在正常使用极限状态下的残余抗拉强度相对于弹性极限抗拉强度的下降幅度；

ρ_{te} —— 按有效受拉超高性能混凝土截面面积计算的纵向受拉钢筋配筋率；

A_s —— 受拉区纵向钢筋截面面积（mm²）；

A_{te} —— 有效受拉混凝土截面面积（mm²），取 $A_{te} = 2.5(h - h_0)b + (b_f - b)h_f$；

d_{eq} —— 受拉区纵向钢筋的等效直径（mm），按现行国家标准《混凝土结构设计规范》GB 50010 规定计算；

α_E —— 钢筋弹性模量与超高性能混凝土弹性模量的比值；

f_{Utek} —— 超高性能混凝土弹性极限抗拉强度标准值（MPa）；

f_{Utk} —— 超高性能混凝土抗拉强度标准值（MPa）。

9.3.14 在荷载标准组合下，缓粘结预应力超高性能混凝土受弯构件受拉区纵向钢筋等效应力可按现行行业标准《预应力混凝土结构设计规范》JGJ 369 的规定计算。

9.3.15 缓粘结预应力超高性能混凝土受弯构件应分别对混凝土截面上主拉应力和主压应力进行验算，验算方法及验算系数应符合现行国家标准《混凝土结构设计规范》GB 50010 的规定。

9.3.16 缓粘结预应力超高性能混凝土受弯构件的挠度可按结构力学方法计算,挠度限值应符合现行行业标准《预应力混凝土结构设计规范》JGJ 369 的有关规定。

9.3.17 矩形、T 形、倒 T 形和 I 形截面缓粘结预应力超高性能混凝土受弯构件考虑长期作用影响的刚度 B 应按现行行业标准《预应力混凝土结构设计规范》JGJ 369 的规定计算。

9.3.18 按裂缝控制等级要求的荷载标准组合作用下,缓粘结预应力超高性能混凝土受弯构件的短期刚度 B_s,可按下列公式计算:

1 要求不出现裂缝的构件

$$B_s = 0.95 E_{Uc} I_0 \quad (9.3.18\text{-}1)$$

2 允许出现裂缝的构件

$$B_s = \frac{E_{Uc} I_0}{\beta\left(\dfrac{M_{cr}}{M_k}\right) + \left[1 - \beta\left(\dfrac{M_{cr}}{M_k}\right)^2\right]\dfrac{E_{Uc} I_0}{E_{Uc} I_{cr}}} \quad (9.3.18\text{-}2)$$

$$M_{cr} = (\sigma_{pc} + \gamma f_{Utek}) W_0 \quad (9.3.18\text{-}3)$$

式中:I_0——开裂前截面的换算惯性矩(mm^4);

I_{cr}——裂缝截面的换算惯性矩(mm^4);

M_{cr}——预应力超高性能混凝土受弯构件正截面的开裂弯矩(N・mm);

M_k——按荷载标准组合计算的弯矩值(N・mm);

β——考虑荷载长期或重复作用对平均应变的影响系数(对短期荷载,取 1.0;对长期或重复荷载,取 0.5);

σ_{pc}——扣除全部预应力损失后,由预加力在抗裂验算边缘产生的超高性能混凝土预压应力(MPa);

γ——超高性能混凝土构件的截面抵抗矩塑性影响系数,按现行行业标准《预应力混凝土结构设计规范》JGJ 369 的有关规定确定;

W_0——超高性能混凝土构件的截面抵抗矩(mm^3)。

9.4 构 造

9.4.1 普通钢筋保护层厚度取钢筋外缘至超高性能混凝土表面的距离,不应小于钢筋公称直径;当钢筋为束筋时,保护层厚度不应小于束筋的等代直径。

9.4.2 构件中缓粘结预应力筋的保护层厚度取预应力筋外缘至超高性能混凝土表面的距离。

9.4.3 普通钢筋和缓粘结预应力筋的保护层厚度不应小于1.5倍钢纤维长度。

9.4.4 缓粘结预应力超高性能混凝土结构的保护层厚度不应小于表9.4.4的规定值。

表9.4.4 钢筋超高性能混凝土保护层的最小厚度 c(mm)

环境类别	板、墙、壳	梁、杆
一	15	15
二	15	20
三a	20	25
三b	25	30

注:1 表中数值是针对各环境类别的最低作用等级、钢筋和超高性能混凝土无特殊防腐措施规定的情况。
  2 对钢筋和超高性能混凝土有特殊防腐措施处理的情况,保护层最小厚度可将表中相应数值减小5 mm,但不得小于15 mm。
  3 对工程预制的超高性能混凝土构件,其保护层最小厚度可将表中相应数值减小5 mm,但不得小于15 mm。

10 耐久性

10.1 一般规定

10.1.1 为保证结构的耐久性要求,缓粘结预应力筋可采取表面防护、加大混凝土保护层厚度等措施;外露锚固端应采取封锚和混凝土表面处理等有效措施。

10.1.2 房屋和一般构筑物的耐久性设计除符合本标准规定外,尚应符合现行国家标准《混凝土结构耐久性设计规范》GB/T 50476 的要求。

10.1.3 公路和城市道路桥梁的耐久性设计,应符合现行行业标准《公路工程混凝土结构耐久性设计规范》JTG/T 3310、《公路钢筋混凝土及预应力混凝土桥涵设计规范》JTG 3362 的要求。

10.1.4 铁路和轨道交通桥梁的耐久性设计,应符合现行行业标准《铁路混凝土结构耐久性设计规范》TB 10005 的要求。

10.2 房屋和一般构筑物的耐久性

10.2.1 三类环境中的结构构件,其受力钢筋宜采用环氧树脂涂层带肋钢筋;对缓粘结预应力钢筋、锚具及连接器,应采取专门防护措施。

10.2.2 四类和五类环境中的缓粘结预应力混凝土结构,其耐久性要求应符合相关标准的规定。

10.2.3 预应力筋全长外包材料应连续,锚具及连接器部位应封闭且能防水。在一类、二类及三类环境条件下,锚固区的保护措施应符合本标准第 10.2.4 条和第 10.2.5 条的有关规定;对于处于二类、三类环境条件下的缓粘结预应力锚固系统,尚应符合本标准第10.2.6条的规定。

10.2.4 张拉端夹片锚具系统宜通过穴模凹进混凝土表面布置,构造可按图10.2.4实施。当锚具凸出混凝土表面布置时,锚具的混凝土保护层厚度不应小于50 mm。外露预应力筋的混凝土保护层厚度在处于一类室内正常环境时,不应小于30 mm;在处于二类、三类易受腐蚀环境时,不应小于50 mm。

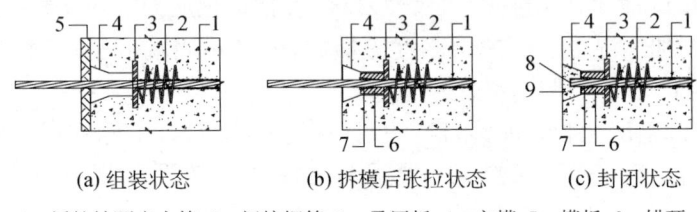

(a) 组装状态　　(b) 拆模后张拉状态　　(c) 封闭状态

1—缓粘结预应力筋;2—间接钢筋;3—承压板;4—穴模;5—模板;6—锚环;
7—夹片;8—防腐层;9—微膨胀细石混凝土或无收缩砂浆

图10.2.4　张拉端锚具系统构造示意图

10.2.5 固定端挤压锚具系统应由挤压锚具、承压板和间接钢筋组成,钢绞线端部应采取密封措施(图10.2.5)。挤压锚具应将套筒等组装在钢绞线端部经专用设备挤压而成,挤压锚具与承压板应连接牢固。

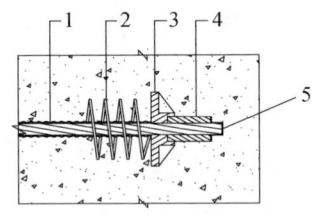

1—缓粘结预应力筋;2—间接钢筋;
3—承压板;4—挤压锚具;5—密封层

图10.2.5　固定端挤压锚具系统构造示意图

10.2.6 对处于二类、三类环境条件下的缓粘结预应力锚固系统,应采用连续封闭的防腐蚀体系,并应符合下列规定:

1 锚固端应为预应力钢材提供全封闭防水设计。
2 缓粘结预应力筋与锚具部件的连接及其他部件的连接,应采用密封装置或采取封闭措施,使缓粘结预应力锚固系统处于全封闭保护状态。
3 连接部位在 10 kPa 静水压力下应保持不透水。
4 如设计对缓粘结预应力筋与锚具系统有电绝缘防腐蚀要求,可采用塑料等绝缘材料对锚具系统进行表面处理,以形成整体电绝缘。

11 施工和验收

11.1 一般规定

11.1.1 缓粘结材料的固化时间和张拉适用期应根据施工进度和缓粘结预应力筋生产时间确定。对于过后浇带的缓粘结预应力筋,应考虑后浇带浇筑时间的影响。

11.1.2 缓粘结预应力混凝土结构施工应按照设计要求的施工顺序进行。当设计无要求时,可采用分批、分阶段对称张拉或依次张拉,并应保证各阶段不出现对结构不利的应力状态。缓粘结预应力筋设计为两端张拉时,应采取两端同时张拉工艺,宜采用数控张拉。当设计单位允许采用夹片锚时,预应力张拉应采用数控张拉设备,并严格按照测控一体程序要求进行张拉施工。

11.1.3 施工过程中应做好缓粘结预应力筋的留样。如果预应力专项验收时缓粘结材料还没达到固化时间,可根据环境温度和固化程度推断是否满足设计要求,缓粘结材料的固化时间不宜超过2年。

11.1.4 缓粘结预应力混凝土结构构件,应就具体情况对其张拉、运输及安装等施工阶段根据现行上海市工程建设规范《预应力混凝土结构设计规程》DGJ 08—69 规定的方法进行承载能力极限状态验算和截面应力验算。对重要缓粘结预应力工程,应对现场张拉端锚固损失有效预应力值和护套摩擦损失(含锚口损失)以及其他设计要求项目进行监测,测试方法见本标准附录B。

11.2 缓粘结预应力筋的制作、运输、存放

11.2.1 缓粘结预应力筋的下料长度应通过计算确定。计算时,

应综合考虑其长度、锚夹具长度、千斤顶长度、张拉伸长值和混凝土压缩变形量以及根据不同张拉方法和锚固形式预留的张拉长度等因素。

11.2.2 缓粘结预应力筋的外护套应采用挤塑成型工艺生产,且缓粘结材料的涂覆和护套的制作应一次性连续作业。缓粘结材料应完全填充于预应力钢绞线和护套之间。

11.2.3 生产厂家应根据缓粘结材料及其固化时间,给出缓粘结预应力筋摩擦系数的试验数据。

11.2.4 缓粘结预应力筋下料时,宜采用砂轮锯或切断机切断,不得采用加热、焊接或电焊切割,且施工过程中应避免电火花和电流损伤缓粘结预应力筋。粘结预应力钢绞线断料后,应采用专用封头帽进行封堵,以防止缓粘结材料外流。

11.2.5 缓粘结预应力筋的捆扎带应预留出吊带扣并加衬垫,做好固定,防止搬运过程中损坏。运输和储存时,缓粘结预应力筋堆放高度不宜超过4盘。

11.2.6 缓粘结预应力筋在运输、装卸、进场过程中应轻装、轻卸,并应采用尼龙吊索,严禁用钢丝绳或其他坚硬吊具与缓粘结预应力筋的外包护套直接接触,不得摔砸踩踏,防止搬运过程中机械损伤。

11.2.7 缓粘结预应力筋在运输、堆放期间,应按不同规格分类放置在垫木上,并按产品说明书要求进行运输和保存。露天堆放时,应确保将产品存放于阴凉干燥、通风良好的平整场地,远离热源,避免太阳暴晒,存放温度应低于35℃,且应在所堆放的缓粘结预应力筋上覆盖苫盖物或搭设遮阳棚。

11.3 进场检验

11.3.1 缓粘结预应力筋进场时应有型式检验报告和出厂质量证明书。

11.3.2 同一批次缓粘结预应力筋在安装前应取样,剥去护套,清理钢绞线表面的缓粘结材料,根据现行国家标准《钢筋混凝土用钢材试验方法》GB/T 28900 的规定测定钢绞线的弹性模量、强度、延伸率。

11.3.3 每盘(卷)缓粘结预应力筋都应挂有标牌,标牌上应写明缓粘结预应力筋的规格型号、标准固化时间、标准张拉适用期,并应注明缓粘结材料和缓粘结预应力筋的生产日期等。

11.3.4 缓粘结预应力筋进场时应按型号、种类分批进行检验验收,检验验收内容包括查对标牌、外观检查、抽取试样做力学性能试验,检验验收合格后方可使用。

11.3.5 缓粘结预应力筋进场检验,每种型号应以 60 t 为一检验批,不足 60 t 时,也应作为一个检验批进行检验。抽检应在监理工程师的见证下进行,抽检数量与检验方法应符合下列规定:

1 外观检查:缓粘结预应力筋的外观检查应逐盘(卷)进行。

2 每批缓粘结预应力筋外观检查合格后,应随机抽取 3 盘进行现场抽样检查,在每盘端部截取 1 根试样,每根试件长 1.2 m,进行缓粘结材料重量、护套厚度、肋高、肋宽和预应力钢绞线直径测量、力学性能检验。

3 缓粘结材料和护套应符合本标准第 4.2.3 条的规定。缓粘结预应力筋内钢绞线的力学性能检验应符合现行国家标准《预应力混凝土用钢绞线》GB/T 5224 的规定。

11.3.6 缓粘结预应力筋进场检验合格后,每批次应另外截留 3 个检验试件,每根试件长 1.2 m,用于现场留样,在室温(25℃)下保存,观察自然状态下缓粘结材料固化情况。当达到标准固化时间后,检验缓粘结材料固化情况。

11.3.7 预应力锚具、夹具和连接器进场时应检验产品合格证、产品说明书和装箱单,具体要求应符合现行国家标准《预应力筋用锚具、夹具和连接器》GB/T 14370 的规定。

11.4 缓粘结预应力筋的安装和混凝土浇筑

11.4.1 缓粘结预应力筋安装之前,应做下列检查:
1 检查标示的固化时间和张拉适用期,确认符合工程要求。
2 检查其规格、长度和数量,确认满足设计图纸要求。
3 检查固定端组装件,确认组装件安装可靠。
4 缓粘结预应力筋不应有死弯;当有死弯时,应切断并进行有效封堵。

11.4.2 缓粘结预应力筋应按设计图纸的规定进行铺放,并应符合下列要求:
1 铺放前应通过计算确定缓粘结预应力筋的位置,其竖向高度宜采用架立钢筋控制,梁内架立钢筋间距不宜大于1m;板中单根缓粘结预应力筋的架立钢筋间距不宜大于2m。
2 建筑工程缓粘结预应力筋控制点的竖向位置偏差应符合表11.4.2的规定;对于铁路与轨道交通桥梁结构,应满足现行行业标准《铁路桥涵工程施工质量验收标准》TB 10415 的规定。

表11.4.2 建筑工程缓粘结预应力筋形安装允许偏差(mm)

截面高(厚)度(mm)	$h \leqslant 300$	$300 \leqslant h \leqslant 1\,500$	$h > 1\,500$
允许偏差	±5	±10	±15

3 缓粘结预应力筋的水平位置应保持顺直,板内缓粘结预应力筋绕过洞口铺放时,应符合现行行业标准《缓粘结预应力混凝土结构技术规程》JGJ 387 的规定。
4 安装板内双向缓粘结预应力筋时,应根据纵横筋交叉点的标高先铺放标高较低方向的缓粘结预应力筋。
5 各种管线的敷设不应将缓粘结预应力筋的竖向位置抬高或压低。

6 缓粘结预应力筋采取竖向、环向或螺旋形铺放时,应有定位支架或其他构造措施控制位置。

7 斜向或竖向布置的缓粘结预应力筋,应对缓粘结预应力筋的下端进行严密封堵,防止缓粘结材料流淌。

11.4.3 缓粘结预应力筋应按工程所需的长度和锚固形式进行下料和组装。下料长度应综合考虑其曲率、锚固端保护层厚度,并应根据不同的张拉方式和锚固形式预留张拉长度。下料完成后应按规格、型号、长度编号挂牌。

11.4.4 缓粘结预应力筋应与定位钢筋绑扎牢固,定位钢筋直径不宜小于 10 mm,间距不宜大于 1.2 m。

11.4.5 缓粘结预应力筋的铺设工序应在结构构件主筋布置绑扎完成后、架立筋未绑之前进行。

11.4.6 缓粘结预应力筋应铺设平顺,护套应密封良好且不得漏浆。端部锚垫板的承压面应与预应力筋或曲线末端的切线垂直,锚具与锚垫板应贴紧。缓粘结预应力筋固定端的锚垫板应事先组装好,按设计要求的位置可靠固定。

11.4.7 锚固系统用于缓粘结预应力筋时,应除去锚固部分的塑料护套层。用刷子将缓粘结预应力筋上附着的缓粘结材料清除干净,施工人员接触缓粘结材料时,宜戴橡胶手套。

11.4.8 张拉端和固定端的安装应符合下列规定:

1 张拉端部宜采用木模板,并应按施工图中预应力筋位置钻孔。

2 拉端承压板应采用可靠措施固定在端部模板上,且应保持张拉作用线与承压板面垂直。

3 张拉端锚具系统安装时,缓粘结预应力筋的外露长度应根据张拉机具所需的长度确定,穴模与承压板之间不应有缝隙。

4 固定端锚具系统安装时,固定端锚具应按设计要求位置绑扎固定,内埋式固定端承压板不得重叠,锚具与承压板应贴紧。

5 张拉端和固定端均应按设计要求配置螺旋筋或钢筋网

片,螺旋筋或钢筋网片均应紧靠承压板,并保证与缓粘结预应力筋对中和固定可靠。

11.4.9 混凝土的浇筑除按有关规定执行外,尚应遵守下列要求:

1 缓粘结预应力筋铺放、安装完毕后,应进行隐蔽工程验收,当确认合格后方可浇筑混凝土。

2 混凝土浇筑时,严禁踏压撞碰缓粘结预应力筋、架立筋以及端部组装件。

11.4.10 对于梁板结构,当梁、板中缓粘结预应力筋为主筋时,应按照以下要求进行安装:

1 先布放梁的普通钢筋、钢箍及预应力筋。

2 双向板:先后布板长跨向受力底筋、短跨受力底筋、短跨缓粘结预应力筋、板长跨向缓粘结预应力筋、板面支座受力筋、分布筋;组装锚具及校正承压板。

3 单向板:先后布放板底分布筋、板底受力筋、板受力方向缓粘结预应力筋、板面支座受力筋、分布筋;组装锚具及校正承压板。

11.4.11 对于板柱结构,应按照以下要求进行安装:

1 先布放暗梁普通钢筋、箍筋。

2 先后布放板底长向受力底筋、板短跨向底筋、板短跨向缓粘结预应力筋、板长跨方向缓粘结预应力筋、板面支座受力筋、分布筋;组装锚具及校正承压板。

3 柱上板带两个方向穿过柱内的缓粘结预应力筋不少于2根。

4 如两个方向预应力筋在交叉点高度相同,需调整时,应取得设计单位认可。

11.4.12 梁柱节点处应先穿设缓粘结预应力筋,并放置预应力固定端锚具,然后再绑扎柱钢箍。

11.4.13 平板中缓粘结预应力筋平行带状布置时,应采取可靠的支撑固定措施,保证同束中各根缓粘结预应力筋具有相同的矢高;带状束在锚固端应平顺张开。

11.4.14 铺放双向配置的缓粘结预应力筋时,宜避免两个方向的缓粘结预应力筋相互穿插铺放,应对纵横筋每个交叉点相应的两个标高进行比较,对各交叉点标高较低的缓粘结预应力筋应先进行铺放,标高较高的次之。双向预应力筋的底层筋,在跨中处宜与底面双向钢筋的上层筋处在同一高度。

11.4.15 预应力筋张拉端的锚垫板可固定在端部模板上,或利用短钢筋与四周钢筋焊牢,锚垫板面应垂直于预应力筋。当张拉端采用凹入式做法时,可采用塑料穴模或其他穴模。

11.4.16 预应力主梁、次梁和密肋板中,应设置定位支撑钢筋,并应符合下列规定:

　　1 2根～4根缓粘结预应力筋组成的集束预应力筋,其定位支撑钢筋的直径不宜小于10 mm。

　　2 5根或更多缓粘结预应力筋组成的集束预应力筋,其定位支撑钢筋的直径不宜小于12 mm,间距不宜大于1.0 m。

　　3 用于支撑平板中单根缓粘结预应力筋的定位支撑钢筋,其间距不宜大于2.0 m。

11.5 张　　拉

11.5.1 缓粘结预应力筋在张拉施工前应根据实测的弹性模量和摩擦系数计算张拉伸长值,并应对缓粘结预应力筋的张拉适用期、构件端部预埋件、混凝土强度、缓粘结预应力筋力学性能进行核对和全面检查。

11.5.2 缓粘结预应力筋张拉机具及仪表的维护与校验应符合下列规定:

　　1 缓粘结预应力筋张拉机具及仪表应由专人使用和管理,并应定期维护和校验。

　　2 张拉设备应配套校验。压力表的精度不应低于0.4级;

校验张拉设备用的试验机或测力计精度不得低于±0.5%；校验时，千斤顶活塞的运行方向应与实际张拉工作状态一致。

11.5.3 张拉时的混凝土强度应符合设计规定。设计未规定时，对于房屋和一般构筑物，不得低于设计采用的混凝土强度等级的75%；对于桥梁结构，不得低于设计采用的混凝土强度等级的80%。在未测定混凝土弹性模量时，现浇混凝土结构施加预应力时的龄期：对缓粘结预应力混凝土板不宜少于5 d，对缓粘结预应力混凝土梁不宜少于7 d。在建筑工程中，为防止混凝土出现早期裂缝而施加预应力时，可不受上述限制，但必须满足局部受压承载力的要求。

11.5.4 当缓粘结预应力筋设计为纵向受力钢筋时，梁的侧模可在张拉前拆除，底模支架的拆除应在梁的预应力张拉后拆除；若要提前拆除部分支架，应根据计算确定，并应在施工方案中明确。

11.5.5 锚具安装前，应清理锚垫板端面的混凝土残渣和喇叭管内的杂物，检查锚垫板后的混凝土密实性，同时应清理缓粘结预应力筋表面的浮锈和渣土。

11.5.6 安装张拉设备时，对直线的缓粘结预应力筋，应使张拉力的作用线与缓粘结预应力筋中心线重合；对曲线的缓粘结预应力筋，应使张拉力的作用线与缓粘结预应力筋中心线末端的切线重合；缓粘结预应力筋采用变角张拉时，应制作符合要求的变角垫块。

11.5.7 缓粘结预应力筋的固定端采用挤压锚时，在挤压前应先将端部钢绞线护套破开，并在端部涂裹专用封堵胶；在挤压锚挤压后，应用密封胶带包裹端部，防止缓粘结材料外流。

11.5.8 缓粘结预应力混凝土工程在张拉前，宜先抽动缓粘结预应力筋内钢绞线一次，确认缓粘结材料没有凝固后，再张拉。

11.5.9 缓粘结预应力筋张拉端的设置，应符合设计要求；当设计无具体要求时，则应符合下列要求：

1 直线缓粘结预应力筋长度超过40 m、曲线缓粘结预应力筋长度超过30 m时，应采取两端张拉；当长度超过60 m时，宜采取分段张拉和锚固。

2 当同一截面中有多根一端张拉的缓粘结预应力筋时,张拉端宜分别设置在结构的两端。

3 缓粘结预应力筋长度小于 6 m 或大于 60 m 时,应先试拉,确定适当的张拉工艺。

11.5.10 缓粘结预应力筋的张拉顺序应符合设计要求。当设计无具体要求时,可采用分批分阶段对称张拉;顺序宜先中间后两侧;仅有 2 个平行孔时,宜采用数控张拉设备同时张拉。

1 采用分批张拉时,应计算分批张拉时各批的预应力损失值,分别加到先张拉预应力钢绞线的张拉控制应力值内,或采用同一张拉值逐根复拉补足。

2 当缓粘结预应力筋需进行两端张拉时,宜采用两端同时张拉工艺,也可一端先张拉、另一端补张拉。两端张拉力应一致,两端伸长值应均匀。

11.5.11 缓粘结预应力筋应在张拉适用期内进行张拉,且应在施工具备张拉条件时尽早张拉,张拉时结构的混凝土强度应符合设计要求。缓粘结预应力混凝土结构施工时宜多留同条件养护的混凝土试块,适时检验混凝土的强度是否达到张拉要求,及时张拉。

11.5.12 缓粘结预应力短索应按先纵向、再竖向、后横向的顺序进行张拉。

11.5.13 竖向缓粘结预应力短索应左右对称单端张拉,宜从已施工端顺序进行。竖向缓粘结预应力短索应采用两次张拉方式,即在第一次张拉完成 24 h 后补拉。

11.5.14 缓粘结预应力短索应从梁体两侧交替单端张拉,宜从已施工端顺序进行。每一梁段伸臂端的最后一根横向缓粘结预应力短索,应在下一梁段缓粘结预应力短索张拉时进行,防止由于接缝梁段两侧横向压缩不同引起开裂。

11.5.15 缓粘结预应力混凝土结构不宜在负温度下张拉施工。在低于 20℃进行缓粘结预应力筋张拉时,应采用持荷超张拉方式,预应力筋应力从零张拉至 $1.03\sigma_{con}$,并应在持荷一定时间后进行锚固,持荷时间可按本标准第 11.5.18 条规定确定。

11.5.16 初张拉力可为张拉力的 10%~20%。张拉时可按张拉程序量测各级拉力对应的伸长值。其中 2 倍初拉力和初拉力对应的伸长值之差可作为 0→初拉力的伸长值,然后将各级的实际伸长值叠加应为实际的总伸长值。

11.5.17 当张拉设备活塞行程不足,需多次张拉时,应分级张拉。中间各级临时锚固后,应重新安装张拉设备,并应重新读表和量测伸长值后再继续张拉,避免伸长值量测累积误差。

11.5.18 当设计对预应力张拉程序无专门规定时,宜按下列程序张拉:0→初应力→2 倍初应力→1.03 倍张拉控制力→持荷→锚固。持荷时间应根据现场温度确定,并应符合下列规定:

1 当气温低于 20℃时,持荷超张拉的持荷时间与温度之间的关系可按表 11.5.18 采用,必要时也可根据现场实测值确定。

表 11.5.18 持荷时间与构件温度之间的关系

温度(℃)	5	10	15	20
持荷时间(min)	4	2	1	0.5

注:中间温度可按线性插值确定。

2 当气温高于 20℃时,可不持荷超张拉。

3 当温度低于 5℃时,不宜进行缓粘结预应力筋张拉。

4 若工程需要在温度低于 5℃进行张拉时,应采用升温措施减小由粘滞力产生的预应力损失。如采用专业电加热设备对钢绞线加热,通电电压不应大于安全电压 36V。

11.5.19 当张拉时间接近缓粘结预应力筋张拉适用期,预应力筋摩擦系数偏大时,可采用预张拉或持荷超张拉的方法消除缓粘结材料初期固化对摩擦系数的影响,预张拉按本标准第 11.5.20 条规定进行。

11.5.20 预张拉时先不装锚具夹片,将预应力筋张拉到控制应力的 30% 左右放张,然后装锚具夹片。

11.5.21 缓粘结预应力筋的计算伸长值 Δl 可按下式计算:

$$\Delta l = \frac{P_m l}{A_p E_s} \quad (11.5.21\text{-}1)$$

$$P_m = P_j \left[\frac{1 + e^{-(kx+\mu\theta)}}{2} \right] \quad (11.5.21\text{-}2)$$

式中: P_m——缓粘结预应力筋平均张拉力,取张拉端拉力 P_j 与计算截面扣除摩擦损失后的拉力平均值;

　　　l——缓粘结预应力筋的实际长度。

11.5.22 对多曲线段或直线段与曲线段组成的缓粘结应力筋,张拉伸长值应分段计算后叠加:

$$\Delta l = \sum \frac{(\sigma_{i1} + \sigma_{i2}) l_i}{2 E_s} \quad (11.5.22)$$

式中: l_i——第 i 段缓粘结预应力筋的长度;

　　　σ_{i1}, σ_{i2}——分别为第 i 段两端缓粘结预应力筋的应力。

11.5.23 缓粘结预应力筋的实测伸长值在初应力 σ_0 时开始量测,初应力 σ_0 一般可取张拉控制应力的 10%~25%。对多波曲线或超长缓粘结预应力筋,初应力 σ_0 宜取张拉控制应力的 20%~30%。实测伸长值 Δl_0 可按下式确定,并分级记录:

$$\Delta l_0 = \Delta l_1 + \Delta l_2 - \Delta l_3 - \Delta l_4 - \Delta l_5 \quad (11.5.23)$$

式中: Δl_1——从初应力 σ_0 至最大张拉力应力间的实测伸长值;

　　　Δl_2——初应力以下的推算伸长值,可根据张拉力与伸长值成正比关系确定;

　　　Δl_3——张拉过程中构件的弹性压缩值;

　　　Δl_4——千斤顶内的缓粘结预应力筋张拉伸长值;

　　　Δl_5——张拉过程中工具锚和固定端工作锚楔紧引起的缓粘结预应力筋内缩值。

11.5.24 施加预应力应以张拉伸长值为控制量,张拉力为校核量。实际伸长值与设计伸长值偏差不宜超过±6%。当超出允许偏差时应停止张拉,经分析原因并采取措施后方可继续张拉。

11.5.25 缓粘结预应力筋张拉锚固后实际建立的预应力值与设计规定检验值的相对偏差不应超过±5%。

11.5.26 缓粘结预应力筋张拉过程中应避免断丝或滑脱。如发生断丝或滑脱,滑脱总数不应超过规定限值。对于房屋和一般构筑物,断丝或滑脱总数不应超过预应力筋总数的1‰;对于铁路与轨道交通桥梁结构,不应超过5‰。每根缓粘结预应力筋断丝的数量不得超过1丝。

11.5.27 缓粘结预应力筋张拉或放张时,应采取有效的安全防护措施,缓粘结预应力筋两端正前方不得站人或穿越。

11.5.28 预应力筋张拉时,应对张拉力、压力表读数、张拉伸长值、异常现象等作出详细记录。

11.5.29 预应力筋张拉时,应注意预应力筋内缩值。锚固采用液压顶压器顶压时,应在保持张拉力的情况下进行顶压;预应力筋的内缩量应符合设计要求,当设计无具体要求时,其内缩量应符合本标准第3.3.4条的规定。

11.5.30 固定端挤压锚具系统应由挤压锚具、承压板和间接钢筋组成,钢绞线端部应采取密封措施,防止缓粘结材料滴漏(图11.5.30)。挤压锚具应将套筒等组装在钢绞线端部经专用设备挤压而成,挤压锚具与承压板应连接牢固。

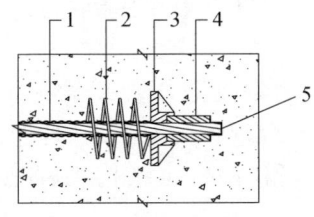

1—缓粘结预应力筋;2—间接钢筋;3—承压板;4—挤压锚;5—密封层

图11.5.30 固定端挤压锚具系统构造示意图

11.6 封 锚

11.6.1 缓粘结预应力筋张拉完毕,应及时检查张拉记录及锚固情况,经确认无误后,方可切断和封锚。缓粘结预应力筋切断后露出锚具夹片外的长度不得小于 30 mm。应在夹片及端头用防腐油脂或环氧类胶黏剂涂抹,再用微膨胀细石混凝土或无收缩砂浆进行封闭。

11.6.2 缓粘结预应力筋张拉过程及张拉完毕后的锚具,应按无粘结预应力混凝土结构的施工要求进行控制和防护。

11.6.3 锚具封闭保护应符合设计要求。当设计无具体要求时,应符合下列规定:

 1 凸出或内凹穴模内的锚具应采用与缓粘结预应力混凝土结构构件相同强度等级的细石混凝土或无收缩防水砂浆封闭保护。

 2 凸出式锚具的保护层厚度不应小于 50 mm,外露缓粘结预应力筋的混凝土保护层厚度:处于一类环境时,不应小于 20 mm;处于二、三类易受腐蚀环境时,不应小于 50 mm。

 3 锚具封闭前应将周围混凝土界面凿毛并冲洗干净,凸出式锚具封锚应配置钢筋网片。

11.7 工程验收

11.7.1 缓粘结预应力混凝土分项工程施工质量验收除应符合本标准规定外,尚应符合现行国家标准《建筑工程施工质量验收统一标准》GB 50300 和《混凝土结构工程施工质量验收规范》GB 50204 的规定。

11.7.2 缓粘结预应力混凝土结构材料进场验收项目、验收记录应按本标准附录 C 进行验收。

11.7.3 缓粘结预应力筋铺设完毕后,下料与安装的验收项目应按本标准附录 D 进行验收。

11.7.4 缓粘结预应力筋张拉前必须对缓粘结预应力筋的张拉适用期、构件端部预埋件、混凝土强度、缓粘结预应力筋力学性能进行核对和全面检查。检查合格后发出缓粘结预应力筋张拉申请单,缓粘结预应力筋张拉申请单可按本标准附录 E 进行填写。

11.7.5 缓粘结预应力筋封锚验收记录表应按本标准附录 F 采用;缓粘结预应力筋张拉时,应逐根填写张拉记录表,表格可按本标准附录 G 采用。

11.7.6 缓粘结预应力混凝土分项工程根据材料类别,可划分为缓粘结预应力筋、锚具等检验批。原材料进场的主控项目验收应符合本标准第 11.3.5 和 11.3.7 条的要求。

11.7.7 缓粘结预应力混凝土分项工程根据施工工艺流程,可划分缓粘结预应力筋下料与安装、张拉、防火与封锚等检验批。

11.7.8 缓粘结预应力混凝土结构工程验收时,对缓粘结预应力专项施工应提供下列文件和记录:

1 经审查批准的施工技术方案。

2 设计变更文件。

3 缓粘结预应力筋的出厂质量合格证、出厂检验报告和进场复验报告。

4 锚具、连接器的出厂质量合格证、出厂检验报告和进场复验报告。

5 张拉设备配套标定报告。

6 加工、组装缓粘结预应力筋张拉端、固定端质量验收记录。

7 缓粘结预应力筋安装质量验收记录。

8 隐蔽工程验收记录。

9 张拉时混凝土立方体抗压强度同条件养护试件实验报告。

    10   缓粘结预应力筋张拉记录。

    11   封锚记录。

    12   同条件固化观察记录。

    13   其他必要的文件与记录。

    14   检查留样情况。

11.7.9   预应力施工验收,除应检查文件、记录外,尚应进行外观抽查。

11.7.10   缓粘结预应力筋下料与安装的主控项目应符合下列要求：

    1   缓粘结预应力筋的品种、级别、规格、数量应符合设计要求。

    2   施工过程中应避免火花损伤预应力筋,受损伤的预应力筋应予以更换。

11.7.11   张拉的主控验收项目应符合下列要求：

    1   缓粘结预应力筋的张拉力、张拉顺序应符合设计及施工方案的要求。

    2   张拉时混凝土强度应满足本标准第11.5.3条的规定。

    3   实测伸长值与理论计算伸长值相对偏差应满足本标准第11.5.24条的规定。

    4   张拉锚固后实际建立的预应力值与设计规定值的相对允许偏差应符合本标准第11.5.25条的规定。抽查预应力筋总数的3%,且不少于5束。

    5   缓粘结预应力筋张拉过程中应避免预应力筋断裂或滑脱,当发生断裂或滑脱时,其数量不应超过结构同一截面缓粘结预应力筋总根数的3%,且每束缓粘结预应力筋内钢绞线中不得超过1根钢丝断裂；对于多跨双向连续板,其同一截面应按每跨计算。

11.7.12   原材料进场的一般项目验收应按下列规定进行：

    1   缓粘结预应力筋使用前应进行全数外观检查,预应力筋展开后应平顺,不得弯折,外包护套横肋应均匀,缓粘结预应力筋护套轻微破损者应进行修补,严重破损者不得使用。

2 预应力筋用锚具使用前应进行全数外观检查,其表面应无锈蚀、机械损伤和裂纹。

11.7.13 缓粘结预应力筋下料、安装的一般项目验收应按下列规定进行:

1 缓粘结预应力筋下料应采用砂轮锯或切割机切断,不得采用电弧切割;下料完的缓粘结预应力筋两端应封堵。

2 缓粘结预应力筋线形控制点的竖向位置偏差应符合本标准第11.4.2条的规定,抽查预应力筋总数的5%,且不少于5束,每束不应少于5处,用钢尺检查,线形控制点的竖向位置偏差合格点率应达到90%及以上,且不得有超过本标准表11.4.2中数值1.5倍的尺寸偏差。

3 张拉端预埋承压板应垂直于预应力筋。

4 内埋式锚固端承压板不应重叠,锚具与承压板应贴紧。

11.7.14 张拉的一般项目验收:锚固阶段张拉端预应力筋的内缩值应按本标准第11.5.29条规定进行检查。每工作班抽查预应力筋总数的3%,且不少于3束,用钢尺检查。

11.7.15 缓粘结预应力防火与封锚的一般项目验收:缓粘结预应力筋锚固后的外露部分按本标准第11.2.4条规定切割。抽查预应力筋总数的3%,且不少于5束,进行观察和钢尺检查。

11.7.16 缓粘结预应力筋同条件固化试样一般项目验收:按本标准第11.1.3条留取试样,每件试样长度不少于100 mm,每批不少于3件,观察缓粘结材料的固化情况。

附录 A 超高性能混凝土抗拉试验方法

A.1 范　围

A.1.1 本试验方法适用于测定超高性能混凝土在单轴拉伸试验条件下的弹性极限抗拉强度、弹性极限拉应变、拉伸弹性模量、抗拉强度、抗拉应变，以评价超高性能混凝土的抗拉性能。

A.2 试件尺寸和数量

A.2.1 抗拉性能试件尺寸如图 A.2.1 所示，其中 B—C 弧段由包括 B 点、C 点在内的 21 个点连接而成的 20 条线段组成，每个点的坐标见表 A.2.1，F—E、I—J、M—L 弧段构成同 B—C 弧段。

A.2.2 每组试件数量为 6 个。

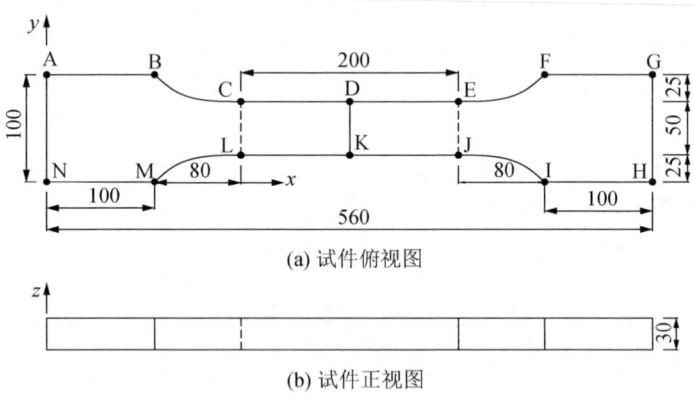

(a) 试件俯视图

(b) 试件正视图

图 A.2.1　试件尺寸示意图(mm)

表A.2.1　B—C弧段内各连接点坐标

点	1(B点)	2	3	4	5	6	7
X(mm)	100.0	104.0	108.0	112.0	116.0	120.0	124.0
Y(mm)	100.0	94.4	90.0	86.6	84.0	81.9	80.4
点	8	9	10	11	12	13	14
X(mm)	128.0	132.0	136.0	140.0	144.0	148.0	152.0
Y(mm)	79.1	78.2	77.4	76.8	76.4	76.0	75.8
点	15	16	17	18	19	20	21(C点)
X(mm)	156.0	160.0	164.0	168.0	172.0	176.0	180.0
Y(mm)	75.6	75.4	75.3	75.2	75.1	75.0	75.0

A.3　试验仪器

A.3.1　拉力试验机应符合下列规定：

1　试件破坏荷载宜大于拉力试验机全量程的20%且宜小于拉力试验机全量程的80%。

2　示值相对误差应为±1%。

3　应具有加荷速度指示装置或加荷速度控制装置，并应能均匀、连续地加荷。

4　其拉伸间距不应小于800 mm～1 000 mm。

5　其他要求应符合现行国家标准《液压式万能试验机》GB/T 3159和《试验机　通用技术要求》GB/T 2611的有关规定。

A.3.2　用于微变形测量的仪器装置应符合下列规定。

1　用于微变形测量的仪器宜采用位移传感器，也可采用激光测长仪、引伸仪等。采用位移传感器时，应备有微变形测量固定架，试件的变形通过微变形测量固定架传递到位移传感器。采用位移传感器测量试件变形时，应备有数据自动采集系统；条件许可时，可采用荷载和位移数据同步采集系统。

2 当采用位移传感器时，其测量精度应为±0.001 mm；当采用激光测长仪或引伸仪时，其测量精度应为±0.001%。

3 微变形测量仪的标距宜为 200 mm。

A.4 试验步骤

A.4.1 每个试件在进行抗拉性能试验时，可同时确定弹性极限抗拉强度、弹性极限拉应变、拉伸弹性模量、抗拉强度、抗拉应变5个参数，对于抗拉应变小于 $1\ 000\times10^{-6}$ 的试件尚应确定残余抗拉强度。

A.4.2 到达试验龄期前，将试件从养护室取出，待表面水分干燥后，将试件放置于试验机上、下夹具中，保证上、下夹具连接件与混凝土试件的中轴线一致并对中。在试件弧形段与夹具接触部位放置 0.5 mm～1 mm 厚的橡胶垫片。将试件上端与试验机上夹头固定，升降拉力试验机至合适高度，调整试件方向，将试件下端固定。

A.4.3 当采用位移传感器测量变形时，应将位移传感器固定在变形测量架，并由标距定位杆进行定位，然后将变形测量架通过紧固螺钉固定在试件中部。从试件取出至试验完毕，不宜超过 4 h。应提前做好变形测量的准备工作。

A.4.4 开动试验机进行预拉，预拉荷载相当于破坏荷载的 15%～20%。预拉时，应测读应变值、计算偏心率，计算方法参考现行国家标准《普通混凝土力学性能试验方法标准》GB/T 50081 的轴向拉伸试验方法。当试块偏心率大于 15% 时，应对试块重新进行对中调整。

A.4.5 预拉完毕后，应重新调整测量仪器，进行正式测试。拉伸试验时，对试件进行连续、均匀加荷，宜采用位移控制加荷，加荷速率宜控制在 0.2 mm/min。当采用位移传感器测量变形时，试件测量标距内的变形应由数据采集系统自动记录，绘制荷载-变形曲线。

A.4.6 当满足下列条件之一时,应终止加载,停止试验:

1 试件进入拉伸应变软化阶段后拉应力低于抗拉强度的30%时。

2 试件的拉应变达到 $10\,000\times10^{-6}$ 时。

3 拉断时。

A.5 结果计算

A.5.1 弹性极限抗拉强度的取值应符合下列要求:

1 在应变片记录的应力-应变曲线中,取由线性转为非线性的点作为弹性极限点,该点所对应的拉应力即为弹性极限抗拉强度。当弹性极限点不明显时,取 $200\,\mu\varepsilon$ 对应的拉应力作为弹性极限抗拉强度。

2 取同一试件上各应变片测量结果的中间值作为该试件的测定值,取有效拉伸试件的平均值作为该组混凝土的测定值。

A.5.2 抗拉弹性模量和弹性极限拉应变的取值应符合下列要求:

1 由各应变片记录的应力-应变曲线,按现行国家标准《普通混凝土力学性能试验方法标准》GB/T 50081 轴向拉伸试验方法的规定,计算出每条曲线对应的弹性模量,取中间值作为该被测试件的抗拉弹性模量。

2 取有效拉伸试件弹性模量的平均值作为该组混凝土的抗拉弹性模量。

3 由该组混凝土的弹性极限抗拉强度除以抗拉弹性模量即得该组混凝土的弹性极限拉应变。取 $200\,\mu\varepsilon$ 确定弹性极限强度的,其弹性极限拉应变记为应变 $200\,\mu\varepsilon$。

A.5.3 抗拉强度与峰值拉应变的取值应符合下列要求:

1 试件的抗拉强度为最大拉力除以试验前测量的标距中心

初始截面面积。对应抗拉强度的应变即为峰值拉应变。可按现行国家标准《普通混凝土力学性能试验方法标准》GB/T 50081 中轴向拉伸试验方法的规定,由应力-应变曲线或荷载-位移曲线确定并计算试件的抗拉强度和峰值拉应变。

2 取各应力-应变曲线或荷载-位移曲线计算出的抗拉强度中间值作为被测试件的抗拉强度。取各峰值拉应变的中间值,作为被测试件的峰值拉应变。

3 取有效拉伸试件的抗拉强度、峰值拉应变的平均值作为该组混凝土的抗拉强度和峰值拉应变。

A.6 抗拉强度等级的评定

A.6.1 进行抗拉性能等级评定时,应根据单根有效拉伸试件的抗拉强度、弹性极限抗拉强度、抗拉应变、残余抗拉强度的测试结果按本标准表 9.2.4 分别进行评级。

A.6.2 当有 3 个或 3 个以上有效拉伸试件的各项抗拉性能指标符合目标抗拉性能等级要求时,可认为受检的超高性能混凝土达到相应的抗拉性能等级,否则应做降级处理。

附录 B 张拉阶段预应力损失测定方法

B.1 锚口摩阻损失测试方法

B.1.1 试验组装件由锚具、锚垫板和预应力筋组成。组装件中各根预应力筋应等长平行、初应力均匀。张拉控制力 N_{con} 宜取 $0.7F_{ptk} \sim 0.8F_{ptk}$,测力系统的不确定度不应大于 2‰。

B.1.2 混凝土试件或张拉台座长度不应小于 4 m,混凝土试件锚固区配筋及构造钢筋按结构设计要求配置,试件内管道应顺直,锚具、数控千斤顶、预应力筋应同轴平行(图 B.1.2)。

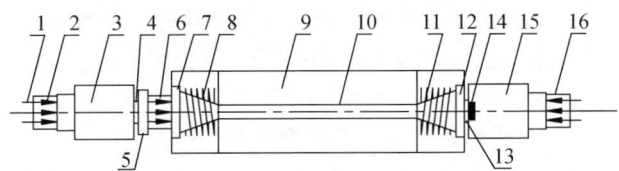

1—预应力筋;2,16—工具锚;3—主动端数控千斤顶;4,13—对中垫圈;
5—限位板;6—工作锚(含夹片);7,12—锚垫板;8,11—螺旋筋;
9—混凝土试件(台座);10—预埋管道;14—钢质约束环;
15—固定端数控千斤顶

图 B.1.2 锚口摩擦损失测试装置

B.1.3 试件两端安装数控千斤顶,用主动端数控千斤顶和固定端数控千斤顶分别测出拉力 P_1 和 P_2。在混凝土试件上进行测量时,试件预留管道直径应比锚垫板小口内径稍大,以避免预应力筋在固定端锚垫板处产生摩阻。

B.1.4 锚口摩擦损失率按下式计算:

$$\delta_1 = \frac{P_1 - P_2}{P_1} \times 100\% \qquad (B.1.4)$$

B.1.5 每个锚具进行 3 次张拉测试,取平均值为测试结果,试验用的试件不应少于 2 个,取其平均值作为试验结果。

B.2 变角张拉摩擦损失测试方法

B.2.1 变角张拉摩擦损失在试验台座(构件)上测试,台座(构件)的长度不小于 3 m。锚具、数控千斤顶、压力传感器、预应力筋应同轴平行(图 B.2.1)。张拉力范围为 $0.7F_{ptk} \sim 0.8F_{ptk}$,测力系统的不确定度不应大于 2%。

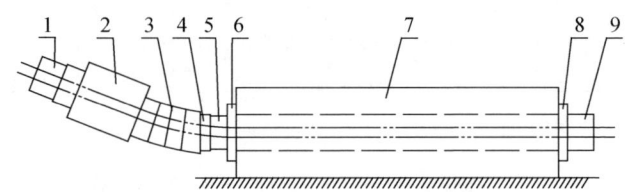

1—工具锚;2—数控千斤顶;3—变角装置;4—锚环;
5—压力传感器;6,8—锚垫板;7—台座(试件);9—固定端锚具

图 B.2.1 变角张拉摩擦损失测试装置

B.2.2 在不同的张拉力值下,分别读取数控千斤顶测得的力值 P_1 和压力传感器测得的力值 P_2。

B.2.3 变角张拉摩擦损失率按下式计算:

$$\delta_2 = \frac{P_1 - P_2}{P_1} \times 100\% \qquad (B.2.3)$$

B.2.4 在张拉力范围内应至少测量 3 点,取平均值。测力系统的不确定度不应大于 2%。

B.3 摩擦损失测试方法

B.3.1 缓粘结预应力筋与护套摩擦损失值宜采用数控千斤顶测

定,如图B.3.1所示。摩擦系数κ测定时,采用直线缓粘结钢铰线;μ测定时,采用曲线缓粘结钢铰线。测定步骤如下:

1 两端同时预张拉至σ_{con}的10%~20%张拉力。

2 张拉端张拉至张拉控制力值,张拉端数控千斤顶读测值N_1,固定端数控千斤顶读测值N_2,反复3次。

3 两端力值差$N_0 = N_1 - N_2$,即为全段摩擦损失值,3次取其平均值。

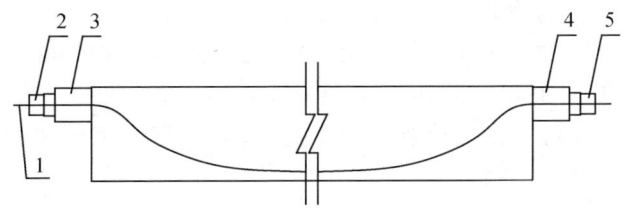

1—预应力筋;2,5—工具锚;3—张拉端数控千斤顶;4—固定端数控千斤顶

图 B.3.1 摩擦损失测试示意图

B.3.2 考虑缓粘结钢绞线每米长度局部偏差的摩擦系数κ

κ值应根据直线缓粘结钢绞线实测数据按式(B.3.2)计算:

$$\kappa = \frac{N_0}{A_p \sigma_{con}} \cdot \frac{1}{x} = \frac{N_1 - N_2}{A_p \sigma_{con}} \cdot \frac{1}{x} \quad (B.3.2)$$

式中:x——缓粘结钢绞线张拉端至计算截面的距离(m);

κ——考虑缓粘结钢绞线每米长度局部偏差的摩擦系数。

对直线布置的缓粘结钢绞线在相同张拉控制应力下计算所有κ取算术平均值,作为该级张拉控制应力对应的κ。

B.3.3 缓粘结钢绞线中钢绞线与护套之间的摩擦系数μ

μ值应根据曲线缓粘结钢绞线实测数据及直线缓粘结钢绞线得到的κ值按式(B.3.3)计算,最后μ值取每根缓粘结钢绞线计算所得μ值的算术平均值。

$$\mu = \left[\ln\left(\frac{1}{1-\dfrac{N_0}{A_p \sigma_{con}}}\right) - \kappa x\right] \cdot \frac{1}{\theta} = \left[\ln\left(\frac{1}{1-\dfrac{N_1 - N_2}{A_p \sigma_{con}}}\right) - \kappa x\right] \cdot \frac{1}{\theta}$$
(B.3.3)

式中：x——缓粘结钢绞线张拉端至计算截面的曲线长度，亦可近似取该段在纵轴上的投影长度(m)；

θ——缓粘结钢绞线张拉端至计算截面曲线各部分切线的夹角之和(rad)；

μ——缓粘结钢绞线中钢绞线与护套内壁之间的摩擦系数。

根据不同张拉控制应力对应的κ，计算所有曲线布置的缓粘结钢绞线在对应张拉控制应力下的μ，对所有μ取算术平均值，作为该级张拉控制应力对应的μ。

B.4 锚固回缩值量测方法

B.4.1 测量锚具回缩值可采用直接测量法或间接测量法。试验时采用的锚具、张拉机具及附件应配套。张拉控制力N_{con}宜取$0.7F_{ptk} \sim 0.8F_{ptk}$，测力系统的不确定度不应大于2%。

B.4.2 直接量测法测量锚固回缩值，可根据张拉力-缸体位移曲线计算，步骤如下：

1 达到张拉控制力并持荷片刻，伸长稳定后记录张拉控制力N_{con}、张拉前测量数控千斤顶的初始长度l_1。

2 按既定步骤进行张拉，记录张拉全过程的张拉力-缸体位移曲线(图 B.4.2)。

3 按下式计算张拉端的锚固回缩值：

$$\Delta l = l_B - l_C - \frac{N_{con}(l_1 + l_A)}{EA_p}$$
(B.4.2)

式中：l_A——安装空隙，等于图 B.4.2 中 A 点的对应的横坐标值；

l_B——图 B.4.2 中 B 点的对应的横坐标值；
l_C——图 B.4.2 中 C 点的对应的横坐标值。

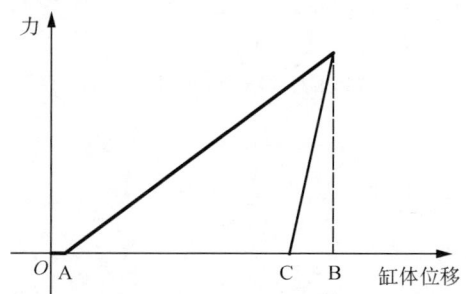

图 B.4.2 张拉力-缸体位移曲线

B.4.3 间接测量法应符合下列规定：

1 台座或构件的长度不应小于 3 m，锚具、数控千斤顶、预应力筋应同轴平行（图 B.4.3）。

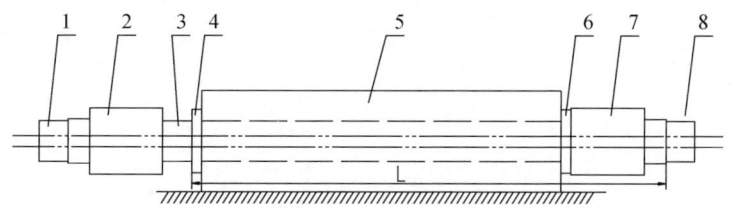

1—工具锚；2,7—数控千斤顶；3—张拉端锚具；4,6—钢垫板；
5—试验台座；8—固定端锚具

图 B.4.3 间接测量法试验装置

2 张拉力达到控制力并持荷片刻后，记录张拉端数控千斤顶读数 P_1；张拉端数控千斤顶完全回油后记录读数 P_2。

3 锚具回缩值按下式计算：

$$a = \frac{(P_1 - P_2)(L + 30)}{E_p A_p} \qquad (B.4.3)$$

式中，L 为预应力筋在张拉端锚具和固定端锚具之间的长度（mm）。

  4 测力系统的不确定度不应大于 2%；测量长度的量具，其标距的不确定度不应大于标距的 0.2%。

  5 同一规格的锚具应测量 3 个，取其平均值作为该规格锚具的回缩值。

附录 C 材料进场验收单

表 C.0.1 缓粘结预应力筋进场检验验收单

工程名称		使用部位			
施工单位		项目经理		专业工长	
缓粘结预应力施工单位		缓粘结预应力施工负责人			
施工标准及编号		施工技术方案		工序自检交接检	
隐蔽工程验收		见证取样报告		张拉设备及仪器标定校验	

		项目	施工单位检查记录	监理(建设)单位验收记录
主控项目	1	缓粘结预应力筋品质、级别、规格、数量必须符合设计要求		
	2	缓粘结预应力筋质量必须符合相关标准的规定		
	3	缓粘结预应力筋标准张拉适用期是否符合设计要求		
	4	缓粘结材料质量符合标准规定		
	5	护套外观和性能符合使用规定		
一般项目	1	缓粘结预应力筋外观质量应符合要求		

施工单位评定结果	项目专业质量检查员： 年 月 日
监理(建设)单位验收结论	监理工程师： (建设单位项目专业技术负责人) 年 月 日

表 C.0.2 锚具、夹具进场检验验收单

工程名称		验收部位			
施工单位		项目经理		专业工长	
缓粘结预应力施工单位		缓粘结预应力施工负责人			
施工标准及编号		施工技术方案		工序自检交接检	
隐蔽工程验收		见证取样报告		张拉设备及仪器标定校验	

		项目	施工单位检查记录	监理(建设)单位验收记录
主控项目	1	锚具、夹具、连接器应符合设计要求,性能应符合标准规定		
一般项目	1	锚具、夹具、连接器外观质量应符合标准规定		

施工单位评定结果	项目专业质量检查员:　　　　　　年　　月　　日
监理(建设)单位验收结论	监理工程师: (建设单位项目专业技术负责人)　　年　　月　　日

附录 D 材料下料及安装验收单

表 D 材料下料及安装验收单

工程名称				验收部位								
施工单位				项目经理			专业工长					
缓粘结预应力施工单位				缓粘结预应力施工负责人								
施工标准及编号				施工技术方案			工序自检交接检					
隐蔽工程验收				见证取样报告			张拉设备及仪器标定校验					
		项目		施工单位检查记录			监理(建设)单位验收记录					
主控项目	1	缓粘结预应力筋品质、级别、规格、数量必须符合设计要求										
	2	施工过程中应避免火花损伤缓粘结预应力筋										
一般项目	1	缓粘结预应力筋下料应采用砂轮锯或切割机切断,不得采用电弧切割										
	2	下料完的缓粘结预应力筋两端应封堵										
	3	张拉端预埋承压板应垂直于预应力筋										
	4	内埋式锚固承压板不应重叠,锚具与承压板应贴紧										
		项目		允许偏差(mm)	实测偏差(mm)							
					1	2	3	4	5	6	7	8	9	10
	6	束形控制点竖向位置	截面高(厚)	$h \leqslant 300$	±5										
	7			$300 < h < 1\,500$	±10										
	8			$h \geqslant 1\,500$	±15										

续表D

施工单位评定结果	项目专业质量检查员： 年 月 日
监理(建设)单位验收结论	监理工程师： (建设单位项目专业技术负责人) 年 月 日

附录 E 缓粘结预应力工程张拉申请单

表 E 缓粘结预应力工程张拉申请单

工程名称：
构件名称：　　　　　　　　　　部位编号：

序号	项 目	检验结果	是否符合要求	备 注
1	是否在张拉适用期内			
2	锚垫板安装质量检查			
3	缓粘结预应力筋力学性能试验			
4	构件混凝土强度试验			
5	锚具实验报告			
6	其他			

	签发：该构件已具备进行预应力张拉的必要条件，可以张拉。 　　　　　　　　工程技术负责人： 　　　　　　　　　　　　　　　年　月　日
	签收： 　　　　　　　　施工技术负责人： 　　　　　　　　　　　　　　　年　月　日
	监理意见： 　　　　　　　　　　　　　　　年　月　日

附录 F 缓粘结预应力筋封锚验收记录表

表 F 缓粘结预应力筋封锚验收记录表

工程名称			使用部位			
施工单位			项目经理		专业工长	
缓粘结预应力施工单位			缓粘结预应力施工负责人			
施工标准及编号			施工技术方案		工序自检交接检	
隐蔽工程验收			见证取样报告		张拉设备及仪器标定校验	
项目			施工单位检查记录		监理(建设)单位验收记录	
主控项目	1	缓粘结预应力筋及锚具的混凝土保护层厚度应满足相关规范的要求				
	2	锚具的封锚保护应满足规范规定				
一般项目	1	张拉后的预应力筋外露部分应采用砂轮锯或其他机型方法切割多余部分,切断后露出长度不得小于 30 mm				
施工单位评定结果		项目专业质量检查员: 年 月 日				
监理(建设)单位验收结论		监理工程师: (建设单位项目专业技术负责人) 年 月 日				

附录 G 缓粘结预应力筋张拉记录表

G.0.1 缓粘结预应力筋张拉记录表首页可采用表 G.0.1 的样式。

表 G.0.1 缓粘结预应力筋张拉记录表首页

缓粘结预应力筋张拉记录(一)		编号	
工程名称		张拉日期	
施工部位		缓粘结预应力筋规格及生产日期	
预应力张拉程序及平面示意图			
张拉端锚固类型		固定端锚具类型	
设计张拉控制应力		实际张拉力	
千斤顶编号		压力表编号	
混凝土设计强度		张拉时混凝土实际强度	
预应力筋理论伸长值			
预应力筋伸长值范围			
施工单位			
技术负责人		质检员	记录人

G.0.2 缓粘结预应力筋张拉记录表可采用表 G.0.2 的样式

表 G.0.2 缓粘结预应力筋张拉记录表　　第　页/共　页

缓粘结预应力筋张拉记录(二)						编号	
工程名称					张拉日期		
施工部位							
张拉顺序编号(单/双)	伸长计算值(mm)	预应力钢绞线张拉伸长实测值					备注 温度(℃)
		原长 L_1 (m)	实长 L_2 (m)	伸长值 ΔL (mm)	持荷时间(s)	总伸长值(mm)	
	一端						
	另端						
	一端						
	另端						
	一端						
	另端						
	一端						
	另端						
	一端						
	另端						
□有见证 □无见证	见证单位				见证人		
施工单位							
专业技术负责人		专业质检员			记录人		

本标准用词说明

1 为了便于在执行本标准条文时区别对待,对要求严格程度不同的用词说明如下:
 1) 表示很严格,非这样做不可的用词:
  正面词采用"必须";
  反面词采用"严禁"。
 2) 表示严格,在正常情况均应这样做的用词:
  正面词采用"应";
  反面词采用"不应"或"不得"。
 3) 表示允许稍有选择,在条件许可时首先应这样做的用词:
  正面词采用"宜";
  反面词采用"不宜"。
 4) 表示有选择,在一定条件下可以这样做的用词,采用"可"。

2 标准中指定应按其他有关标准执行时,写法为"应符合……的规定(要求)"或"应按……执行"。

引用标准名录

1 《混凝土强度检验评定标准》GBJ 107
2 《工程结构设计基本术语和通用符号》GBJ 132
3 《预应力混凝土用钢丝》GB/T 5223
4 《预应力混凝土用钢绞线》GB/T 5224
5 《预应力筋用锚具、夹具和连接器》GB/T 14370
6 《桥梁缆索用热镀锌或锌铝合金钢丝》GB/T 17101
7 《单丝涂覆环氧涂层预应力钢绞线》GB/T 25823
8 《钢筋混凝土用钢材试验方法》GB/T 28900
9 《活性粉末混凝土》GB/T 31387
10 《建筑结构荷载规范》GB 50009
11 《混凝土结构设计规范》GB 50010
12 《建筑抗震设计规范》GB 50011
13 《地下结构抗震设计标准》GB/T 51336
14 《钢结构设计标准》GB 50017
15 《室外给水排水和燃气热力工程抗震设计规范》GB 50032
16 《建筑结构可靠性设计统一标准》GB 50068
17 《给水排水工程构筑物结构设计规范》GB 50069
18 《铁路工程抗震设计规范》GB 50111
19 《地铁设计规范》GB 50157
20 《民用建筑热工设计规范》GB 50176
21 《混凝土结构工程施工质量验收规范》GB 50204
22 《铁路工程结构可靠性设计统一标准》GB 50216
23 《纤维增强复合材料建设工程应用技术规范》GB 50608
24 《混凝土结构工程施工规范》GB 50666

25 《城市桥梁工程施工与质量验收规范》CJJ 2
26 《城市桥梁抗震设计规范》CJJ 166
27 《城市桥梁设计规范》CJJ 11
28 《钢纤维混凝土结构设计标准》JGJ/T 465
29 《组合结构设计规范》JGJ 138
30 《无粘结预应力混凝土结构技术规程》JGJ 92
31 《建筑桩基技术规范》JGJ 94
32 《预应力混凝土结构抗震设计标准》JGJ/T 140
33 《预应力筋用锚具、夹具和连接器应用技术规程》JGJ 85
34 《预应力混凝土结构设计规范》JGJ 369
35 《缓粘结预应力混凝土结构技术规程》JGJ 387
36 《缓粘结预应力钢绞线专用粘合剂》JG/T 370
37 《缓粘结预应力钢绞线》JG/T 369
38 《环氧涂层预应力钢绞线》JG/T 387
39 《预应力混凝土用金属螺旋管》JG/T 3013
40 《公路钢筋混凝土及预应力混凝土桥涵设计规范》JTG 3362
41 《公路桥涵设计通用规范》JTG D60
42 《公路桥涵施工技术规范》JTG/T F50
43 《公路工程混凝土结构耐久性设计规范》JTG/T 3310
44 《公路工程抗震规范》JTG B02
45 《无粘结预应力钢绞线》JG 161
46 《水工混凝土结构设计规范》SL 191
47 《铁路工程预应力筋用夹片式锚具、夹具和连接器》TB/T 3193
48 《铁路桥涵设计规范》TB 10002
49 《铁路混凝土结构耐久性设计规范》TB 10005
50 《铁路桥涵混凝土结构设计规范》TB 10092
51 《铁路桥涵工程施工质量验收标准》TB 10415
52 《铁路混凝土工程施工质量验收标准》TB 10424

53 《高强度低松弛预应力热镀锌钢绞线》YB/T 152
54 《建筑抗震设计标准》DG/TJ 08—9
55 《预应力混凝土结构设计规程》DGJ 08—69
56 《城市轨道交通设计规范》DGJ 08—109
57 《后张预应力施工规程》DG/TJ 08—235
58 《混凝土结构工程施工标准》DG/TJ 08—020

上海市工程建设规范

缓粘结预应力混凝土结构技术标准

DG/TJ 08—2446—2024
J 17505—2024

条文说明

2025　上海

目　次

1 总　则 …………………………………………… 113
3 基本规定 ………………………………………… 114
　3.1 一般规定 …………………………………… 114
　3.2 结构内力分析 ……………………………… 115
　3.3 预应力损失值计算 ………………………… 115
4 材　料 …………………………………………… 119
　4.1 混凝土及普通钢筋 ………………………… 119
　4.2 缓粘结预应力筋 …………………………… 119
　4.3 缓粘结材料 ………………………………… 121
　4.4 护　套 ……………………………………… 121
5 缓粘结预应力锚固体系 ………………………… 122
　5.1 预应力用锚具、夹具和连接器 …………… 122
　5.2 预应力短索锚固体系 ……………………… 122
6 房屋和一般构筑物 ……………………………… 124
　6.1 一般规定 …………………………………… 124
　6.2 设计与计算 ………………………………… 124
　6.3 构　造 ……………………………………… 126
7 公路与城市道路桥梁 …………………………… 127
　7.1 一般规定 …………………………………… 127
　7.2 设计与计算 ………………………………… 127
　7.3 构　造 ……………………………………… 127
8 铁路与轨道交通桥梁 …………………………… 128
　8.1 一般规定 …………………………………… 128
　8.3 构　造 ……………………………………… 128

— 109 —

9 超高性能混凝土结构	129
9.2　材　　料	129
9.3　设计与计算	131
9.4　构　　造	137
10　耐久性	138
10.2　房屋和一般构筑物的耐久性	138
11　施工和验收	139
11.1　一般规定	139
11.2　缓粘结预应力筋的制作、运输、存放	139
11.4　缓粘结预应力筋的安装和混凝土浇筑	140
11.5　张　　拉	140

Contents

1 General provisions ·· 113
3 Basic requirements ·· 114
    3.1 General requirements ······································ 114
    3.2 Analysis on internal force ································ 115
    3.3 Loss of prestress ·· 115
4 Materials ·· 119
    4.1 Concrete and steel reinforcement ······················ 119
    4.2 Retarded-bonded prestressing tendon ················ 119
    4.3 Retarded-bonded material ································ 121
    4.4 Sheath ·· 121
5 Anchorage system for retarded-bonded prestressing
   tendon ·· 122
    5.1 Anchorage, grip and coupler for prestressing
        tendons ·· 122
    5.2 Anchorage system for short tendons ················ 122
6 Building and general structure ································ 124
    6.1 General requirements ······································ 124
    6.2 Design and calculation ···································· 124
    6.3 Detailing requirements ···································· 126
7 Highway and municipal road bridge ························ 127
    7.1 General requirements ······································ 127
    7.2 Design and calculation ···································· 127
    7.3 Detailing requirements ···································· 127
8 Railway and rail transit bridge ································ 128

8.1　General requirements ················· 128
　　　8.3　Detailing requirements ················ 128
9　Retarded-bonded prestressed ultra-high performance
　　concrete structure ····························· 129
　　　9.2　Materials ································· 129
　　　9.3　Design and calculation ················ 131
　　　9.4　Detailing requirements ················ 137
10　Durability ······································· 138
　　　10.2　Durability of building and general structure ······ 138
11　Construction and acceptance ················ 139
　　　11.1　General requirements ················· 139
　　　11.2　Fabrication, transportation and storage of
　　　　　　retarded-bonded prestressing tendons ············ 139
　　　11.4　Placement of retarded-bonded prestressing tendon
　　　　　　and pouring of concrete ····························· 140
　　　11.5　Tension ································· 140

1 总 则

1.0.2 本条主要规定了本标准适用范围。一般构筑物包括了地下结构、给水排水预应力圆形水池。给水排水预应力圆形水池应用范围较广，适用城镇公用设施的清水池、初沉池、二沉池、浓缩池、加速澄清池等开口或有顶盖水池。其他行业因使用条件较为复杂，如池内介质不同、介质的温度或腐蚀性差异较大、环境条件和使用要求不同，本标准未能包括。本标准不适用于轻骨料混凝土及其他特种预应力混凝土结构的设计。

1.0.3 缓粘结预应力混凝土结构是预应力混凝土结构中的预应力筋采用缓粘结预应力筋，因此，其设计应符合现行国家标准《混凝土结构设计规范》GB 50010 的所有规定，只是缓粘结预应力筋的一些参数与有粘结预应力筋和无粘结预应力筋有所不同。另外，缓粘结预应力混凝土结构的设计应符合现行国家标准《建筑结构可靠性设计统一标准》GB 50068、《铁路工程结构可靠性设计统一标准》GB 50216、《建筑抗震设计规范》GB 50011 及现行行业标准《预应力混凝土结构抗震设计规程》JGJ 140 等的相关规定，施工、验收应符合现行国家标准《混凝土结构工程施工质量验收规范》GB 50204 及现行行业标准《城市桥梁工程施工与质量验收规范》CJJ 2、《铁路混凝土工程施工质量验收标准》TB 10424 的规定。本标准主要规定了缓粘结预应力混凝土结构特殊的要求。

3 基本规定

3.1 一般规定

3.1.1 缓粘结预应力筋与传统的后张有粘结预应力筋相比,优势在于预应力筋与其防护体系工厂制作成一体,构造尺寸小,防腐更可靠。在构件尺寸小、防腐要求高的场合,有更好的适应性。当构件内钢筋密集时,采用有粘结预应力技术群锚布置会非常困难,由于缓粘结预应力筋采用了单孔锚固,锚具尺寸大大缩小,采用缓粘结预应力技术会很好解决这一问题。

3.1.2 施工阶段的缓粘结筋内的缓粘结材料未固化,整根筋和无粘结预应力筋相似,因此以无粘结预应力的形式进行施工阶段的验算。同济大学通过悬臂梁的试验研究发现,在极限承载状态下,缓粘结筋的极限应力增量超过了 100 MPa。此外,德国的 DIN4227 规范中规定,无粘结预应力筋的极限应力增量为 50 MPa。故可以在施工阶段验算时对悬臂构件内缓粘结筋的应力增量取为 50 MPa。

3.1.5 预应力圆形水池结构上的作用主要分为永久作用和可变作用。两种作用的标准值及准永久值系数应按现行国家标准《给水排水工程构筑物结构设计规范》GB 50069 的规定执行。

3.1.7 地下结构尚应满足现行国家标准《地下结构抗震设计标准》GB/T 51336 的规定。

3.1.10 对于超静定缓粘结预应力混凝土结构,所考虑的次内力应包括次弯矩、次剪力、次轴力及次扭矩。

3.1.14 为扩展超高性能混凝土和缓粘结预应力在工程中的应用,同济大学在国内外首次开展了缓粘结超高性能混凝土粘结锚固及相关耐久性的研究。研究结果表明,缓粘结在超高性能混凝土中的性能不低于有粘结超高性能混凝土的性能,且耐久性也较好。

3.1.15 采用热固型缓粘结材料的缓粘结预应力筋在大体积构件中的应用尚缺少工程验证,应要慎重应用。高温蒸汽养护会缩短采用热固型缓粘结材料的缓粘结预应力筋的张拉适用期,影响构件后期的张拉。

3.2 结构内力分析

3.2.7 建议的缓粘结预应力筋与混凝土之间的粘结-滑移本构关系是通过同济大学开展的缓粘结预应力筋与普通混凝土和超高性能混凝土间的粘结锚固性能试验,经统计分析后提出的一般形式。采用建议缓粘结预应力筋与混凝土之间的粘结-滑移本构关系计算的粘结-滑移曲线与试验结果吻合较好,如图1所示。影响缓粘结预应力筋粘结-滑移本构关系的因素很多,故在条件许可的情况下,建议通过试验测定表达式中的参数。

3.3 预应力损失值计算

3.3.1 缓粘结预应力圆形水池混凝土局部压陷引起的环向预应力损失 σ_{l6} 可按式(1)计算:

$$\sigma_{l6} = E_s \frac{\Delta D}{D} \tag{1}$$

式中:D——水池平均直径(mm);

ΔD——池壁混凝土的径向局部压陷,一般取 0.2 mm。

3.3.2 初步设计时,若采用钢丝、钢绞线作预应力筋,总损失值可不按分项计算而直接参照表1。此时总损失值在后张法构件中按不小于 80 N/mm² 进行选用,在施工图设计时再按分项计算损失进行验算,分项损失计算按国家现行标准的规定进行。当预应力损失

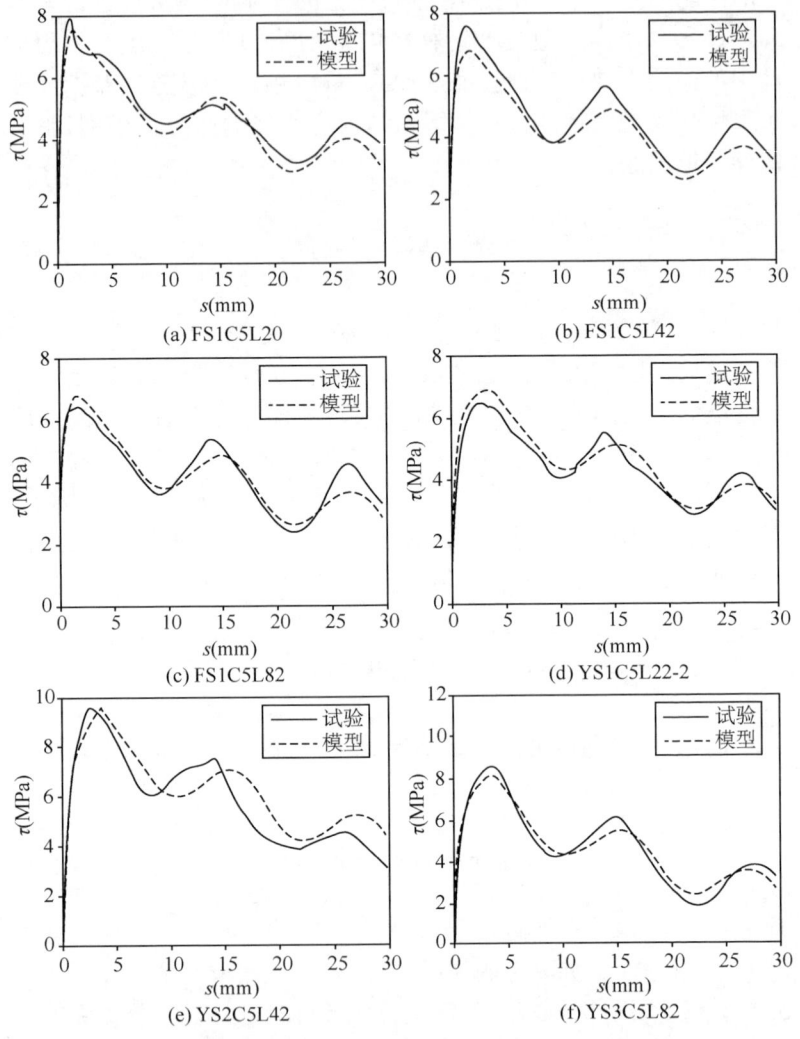

图1 缓粘结预应力筋粘结-滑移本构计算结果与试验结果对比

实测值和厂家提供的数据存在差异时,取实测值进行设计验算。

表 1 总预应力损失估计值

预应力筋的跨数及位置		总预应力损失值
单跨梁(包括框架梁)	跨中	$(0.25\sim0.30)\sigma_{con}$
两跨、三跨梁(包括框架梁)	内支座	$(0.35\sim0.40)\sigma_{con}$
	边跨跨中	$(0.25\sim0.30)\sigma_{con}$
	中间跨跨中	$(0.40\sim0.50)\sigma_{con}$
无粘结预应力平板		$(0.20\sim0.25)\sigma_{con}$

注:当多跨跨度不等或跨数更多时,应分项计算。

3.3.3 预应力圆形水池混凝土预压后的预应力损失值组合,应加上按式(2)计算的环向预应力筋的分批张拉引起的平均预应力损失值 σ_{l7}。

$$\sigma_{l7}=0.5\alpha_{E}\rho_{p}\sigma_{con} \tag{2}$$

式中:ρ_p——环向预应力筋的配筋率;

α_E——钢筋弹性模量与混凝土弹性模量的比值。

3.3.4、3.3.5 预应力圆形水池锚具变形和预应力筋内缩引起的损失,考虑较为常用的两种预应力筋布置形式,即预应力筋反弧出肋布置和切线出肋布置两种情况。当采用环型锚具或采用变角张拉技术时,该项损失可参照上述方法计算。不同品种的锚具和张拉机具的回缩值会有所不同,设计中应根据锚具的参数和张拉施工的条件按实际情况采用。当工程中现场实测的预应力筋摩擦损失系数与本标准给出的摩擦损失系数差异较大时,应分析具体情况并综合确定该参数。

3.3.6 预应力钢筋与孔道壁之间的摩擦引起的预应力损失,包括沿孔道长度上局部位置偏移和曲线弯道摩擦影响两部分。在计算公式中,x 值为从张拉端至计算截面的孔道长度,但在实际工程中,构件的高度和长度相比常很小,为简化计算,可近似取该段孔道在纵轴上的投影长度代替孔道长度;θ 值应取从张拉端至计算截面的长度上预应力钢筋弯起角(以弧度计)之和。

研究表明，孔道局部偏差的摩擦系数 κ 值与下列因素有关：预应力钢筋的表面形状；孔道成型的质量状况；预应力钢筋接头的外形；预应力钢筋与孔壁的接触程度（孔道的尺寸，预应力钢筋与孔壁之间的间隙数值和预应力钢筋在孔道中的偏心距数值情况）等。在曲线预应力钢筋摩擦损失中，预应力钢筋与曲线弯道之间摩擦引起的损失是控制因素。

根据现行行业标准《缓粘结预应力混凝土结构技术规程》JGJ 387 和日本规范的规定，给出了表 3.3.6 中的摩擦影响系数。当有可靠的试验数据时，系数值可根据实测数据确定。

3.3.7 预应力钢绞线的应力松弛试验表明，应力松弛损失值与初始应力值和极限强度有关。普通松弛和低松弛预应力钢绞线的松弛损失值计算公式，是按钢筋标准现行国家标准《预应力混凝土用钢丝》GB/T 5223 及《预应力混凝土用钢绞线》GB/T 5224 中规定的数值综合成统一的公式，以便于应用。当 $\sigma_{con}/f_{ptk} \leqslant 0.5$ 时，实际的松弛损失值已很小，为简化计算取松弛损失值为 0。

3.3.8 根据国内对混凝土收缩、徐变的试验研究表明，应考虑预应力钢筋和普通钢筋配筋率对 σ_{l5} 值的影响，其影响可通过构件的总配筋率 $\rho(\rho=\rho_p+\rho_s)$ 反映，配筋率应仅计入了有粘结预应力筋和普通钢筋的配筋率而未计入无粘结预应力筋配筋率的影响，主要因为无粘结预应力筋与周围混凝土不发生粘结，对抑制混凝土的收缩和徐变几乎没有作用。在公式（3.3.8-1）和公式（3.3.8-2）中，给出先后张法构件受拉区及受压区预应力钢筋处的混凝土收缩和徐变引起的预应力损失。公式中反映了上述各项因素的影响。预应力圆形水池环向预应力筋，由于混凝土收缩、徐变引起的预应力损失值 σ_{l5} 可按表 2 采用。

表 2 预应力圆形水池混凝土收缩、徐变引起的预应力损失值（N/mm²）

σ_{pc}/f'_{cu}	0.1	0.2	0.3	0.4	0.5
σ_{l5}	20	30	40	50	60

4 材 料

4.1 混凝土及普通钢筋

4.1.1 缓粘结预应力筋中多用高强度低松弛预应力钢绞线,必须采用较高强度等级的混凝土才可充分发挥二者的作用,达到更经济的目的。因此,本条规定了预应力结构的最低混凝土强度等级。预应力加固工程中,被加固结构的混凝土强度等级可不受此条规定限制。结构中局部采用预应力构件时,结构混凝土强度等级要求可适当降低。

4.1.3 根据"四节一环保"的要求,提倡应用高强、高性能钢筋。根据混凝土构件对受力的性能要求,规定了各种牌号钢筋的选用原则。

4.2 缓粘结预应力筋

4.2.1 除特殊声明外,本标准所指的缓粘结预应力筋均指内部预应力筋为钢绞线的缓粘结预应力筋,在与非预应力筋或普通钢筋相对应时一般用"缓粘结预应力筋"表达。缓粘结预应力筋由钢绞线(钢棒)、缓粘结材料和外包高密度聚乙烯护套组成,缓粘结材料填充在外包套管和钢绞线之间,外包护套上有凸出的横肋。缓粘结预应力筋在工程施工的前期像无粘结预应力筋一样布筋、张拉,缓粘结材料在预应力筋张拉后一段时间达到规定强度,预应力钢绞线可以和缓粘结材料紧密粘结,钢绞线与混凝土之间通过横肋的咬合作用产生粘结锚固。因此,在混凝土截面内采用缓粘结预应力筋时应采用带肋缓粘结预应力筋;当用作体外预应力束时,表面可以无横肋,只是为了提高钢绞线耐久性。体外预应力混凝土结构设计和施工可按现行行业标准《建筑结构体外预应力加固技术规程》JGJ/T 279 和《无粘结预应力混凝土结构技术规程》JGJ92 执行。鉴于以下两点原因,本标准中暂不推荐使用缓粘结精轧螺纹钢:①精轧螺纹钢的材料强度较小,材料的强重比(比强度)不如钢绞线;②目前市面上的精轧螺纹钢的锚具系统尚不成熟,锚固损失控制困难。

4.2.3 目前,后张预应力混凝土结构中使用最广泛的是 1×7 规格、公称直径 15.20 mm 钢绞线,而且缓粘结预应力筋也都采用了这一规格的预应力钢绞线,现行行业标准《缓粘结预应力钢绞线》JG/T 369 也只给出了这一规格的产品,故本标准也以这一规格钢绞线为准编写。近年来,强度标准值达 2 360 N/mm² 的预应力钢绞线已经批量生产和供应,现行国家标准《预应力混凝土用钢绞线》GB/T 5224 也给出了这一强度级别的力学性能,因此,在本标准中按 GB/T 5224 规定给出了该等级的钢绞线。另外,经供需双方同意,也可采用表 4.2.3 中所列规格及强度等级别以外的预应力钢绞线制作缓粘结预应力筋。作为新产品生产应依据现行国家标准《预应力混凝土用钢绞线》GB/T 5224 及《预应力混凝土用钢材试验方法》GB/T 21839 规定出具相应型式检验报告,报告检验项目包括不但限于以下内容:表面质量、每米钢绞线重量、捻距、钢绞线直径、钢绞线的中心钢丝直径加大比、钢绞线伸直性、整根钢绞线最大力、0.2%屈服力、0.2%屈服力与整根钢绞线实际最大力的比值、最大力总伸长率、弹性模量、疲劳性能、偏斜拉伸、应力松弛性能、应力腐蚀性能。在实际最大力 F_{max} 的 80%时,钢铰线在溶液 A 内腐蚀试验时间本标准规定按不同裂缝控制等级选用,在第 6.2.2 条中明确:一级或二级抗裂设计时,应力腐蚀试验时间应满足最小值 2.0 h、中间值≥5.0 h,三级抗裂设计时,应力腐蚀试验时间应满足最小值 5.0 h、中间值≥8.0 h。

4.2.4 对于缓粘结工程,由于施工时间和环境情况会导致缓粘结材料固化程度的不确定性,在施工时应实测弹模。该部分材料供设计使用。

4.3 缓粘结材料

4.3.1 缓粘结预应力筋中的有机类缓粘结材料初始粘度、固化后力学性能及耐久性应符合现行行业标准《缓粘结预应力钢绞线专用粘合剂》JG/T 370 的规定,是因为目前能够产业化的是符合该标准的专用缓粘结材料,缓凝砂浆也可以用于缓粘结预应力技术,但是暂时还没有产业化,没有相应的参数。

4.3.2 由于缓粘结材料的含量是缓粘结预应力筋的重要指标,本标准在总结国外经验的基础上,给出了各类型缓粘结预应力筋每米缓粘结材料的质量要求,有利于缓粘结材料的质量检验和控制。

4.3.3 缓粘结材料本身不应对钢绞线和混凝土产生不利于安全的影响。

表 4.3.3-1 所列缓粘结材料的力学参数是缓粘结材料达到完全凝结后的力学指标。在考虑后期达到有粘结效果时,作为基本计算依据。

表 4.3.3-2 所列缓粘结材料标准固化时间和缓粘结预应力筋标准张拉适用期是缓粘结预应力筋所特有的参数。

4.4 护 套

4.1.1 由于聚氯乙烯在长期使用过程中氯离子会析出,对周围的材料具有腐蚀作用,因此,严禁使用聚氯乙烯作为外包护套的材料。过去聚乙烯树脂分为《低密度聚乙烯树脂》GB 11115 和《高密度聚乙烯树脂》GB 11116 两个标准,缓粘结预应力筋采用高密度聚乙烯树脂作外包护套,在《缓粘结预应力钢绞线》JG/T 369 中规定应满足 GB 11116 要求,现在两项标准合为《聚乙烯(PE)树脂》GB 51115 一项标准,故应符合该标准规定。

5 缓粘结预应力锚固体系

5.1 预应力用锚具、夹具和连接器

5.1.2 目前,缓粘结预应力筋都采用直径15.20 mm预应力钢绞线制造,单根张拉、单根锚固较为方便。张拉端采用夹片锚,埋入式固定端采用挤压锚,选用锚具或连接器时,可根据工程环境条件、结构的要求、预应力筋的品种、产品的技术性能、张拉施工方法和经济合理等因素进行综合分析比较后确定。当采用成束布置时,端部也应该分散开,采用单孔锚具锚固。由于群锚尺寸大,配套螺旋筋直径大,在梁柱节点不容易布置,因此,不建议采用群锚张拉锚固。

5.1.3,5.1.4 预应力筋-锚具组装件的静载和疲劳锚固性能,是根据现行国家标准《预应力筋用锚具、夹具和连接器》GB/T 14370对锚具的锚固性能要求制定的。对于主要承受较大动荷载的缓粘结预应力混凝土结构,要求所选锚具能承受到应力幅度可适当增加,具体数值可由工程设计单位根据需要确定。

5.2 预应力短索锚固体系

5.2.1 预应力短索因为长度较小,所以较难建立有效预应力。预应力短索主要应用于桥梁腹板或顶、底板等具有特殊使用要求的构件中。它通过施加预应力,提高结构的承载能力和抗裂性能,特别适用于需要控制预应力短筋的锚固回缩损失,如装配式混凝土自复位结构、预应力抗浮锚杆、核电站安全壳和大型储罐等特殊结构。在我国北方某特大桥中出现了因预应力螺纹钢筋窜出剐蹭列车的

事故，且桥梁中很多的腹板开裂也是因为竖向预应力筋无法建立有效预应力所致。故预应力短索锚固体系推荐采用低回缩锚具和P型锚具系统。当设计单位允许采用夹片锚时，预应力张拉应采用数控张拉设备，并严格按照测控一体程序要求进行张拉施工。

6 房屋和一般构筑物

6.1 一般规定

6.1.4、6.1.5 本标准规定对受弯构件采用消压弯矩与使用荷载短期组合作用下控制截面的弯矩之比 λ_0 为预应力度,并且建议对桥梁 $\lambda_0 \geqslant 0.7$,对建筑结构 $\lambda_0 \geqslant 0.5$。使卸载后裂缝有一定的闭合性能,提高了预应力构件的耐久性。有些预应力建筑结构只需抵抗温度应力或只需控制裂缝挠度,并不需要太高预应力度,可不必满足 $\lambda_0 \geqslant 0.5$。

6.2 设计与计算

6.2.1～6.2.3 本标准将裂缝控制等级划分为一级、二级Ⅰ类、二级Ⅱ类和三级,设计人员应根据具体情况选用不同的裂缝控制等级。预应力混凝土构件裂缝控制等级的划分是根据结构的功能要求、环境类别和荷载作用的时间等因素来考虑的。考虑到现行国家标准《混凝土结构设计规范》GB 50010 裂缝控制等级的划分较严,且从二级(一般要求不出现裂缝)到三级(允许出现裂缝 0.2 mm)跨越梯度较大,将二级分为二级Ⅰ类和二级Ⅱ类,对裂缝控制作适当的放松,这有利于缓粘结预应力混凝土结构的抗震延性设计和预应力技术的推广应用,这也是基于多年的工程实践和试验研究得出的结论。此两条的制定也参考了国内外有关规范的规定。已在试验中验证,由于缓粘结预应力筋内部钢绞线外涂缓粘结材料和外包护套,因此钢绞线较难受到侵蚀。同时,随着制造工艺水平的提高,应力腐蚀试验时间能满足更高的耐腐蚀性要求。在缓粘结预应力筋护套不受损的情况下,整根缓粘结预应力筋仅在锚固区有部分钢绞线外露。由于缓粘结材料固化后,整根缓粘结预应力筋可与混凝土形成可靠粘结,锚固区对整根构件在使用阶段的性能影响较小。鉴于以上几点原因,缓粘结预应力混凝土结构构件受环境影响的主要部分为普通钢筋,故构件的裂缝控制等级可与普通混凝土结构相近。缓粘结预应力结构按普通混凝土结构对裂缝控制做适当放松时,本标准相应明确钢绞线应力腐蚀性能-试验时间指标,在按一级或二级抗裂设计时,裂缝控制要求与现行国家标准《混凝土结构设计规范》GB 50010 中预应力构件三级抗裂要求一致,故要求应力腐蚀试验时间统一按现行国家标准《预应力混凝土用钢绞线》GB/T 5224 中最小值 2.0 h、中值≥5.0 h,且不再按强度级别分档;按三级抗裂设计时,考虑裂缝限值放宽至与普通混凝土结构要求基本一致,故要求应力腐蚀试验时间提高至最小值 5.0 h、中值≥8.0 h,以保证缓粘结预应力混凝土耐久性。

6.2.4、6.2.5 参考国家现行标准的规定,具体给出了预应力混凝土构件最大裂缝宽度计算公式和预应力混凝土构件受拉区纵向钢筋的等效应力计算公式。

参考现行国家标准《混凝土结构设计规范》GB 50010 给出裂缝计算公式,在计算受拉区纵向受拉非预应力钢筋的等效直径时,预应力筋按束计算其公称直径。缓粘结预应力筋的粘结特性系数取 0.5,与有粘结预应力钢绞线相同。缓粘结预应力筋与混凝土粘结性能的美国标准试验(STSB)结果显示,相比于有粘结预应力钢绞线,缓粘结预应力筋加载端 1 mm 滑移时的粘结力高出约 35%。此外,缓粘结与有粘结预应力混凝土梁的静力对比试验结果显示,二者裂缝分布相似,缓粘结预应力混凝土梁裂缝较多,且裂缝宽度较小。鉴于以上试验结果,可以认定缓粘结预应力筋与混凝粘结作用优于有粘结预应力钢绞线,因此缓粘结预应力筋的粘结特性系数可与有粘结钢绞线相同。

6.3 构 造

6.3.2 保护层厚度的规定是为了满足结构构件的耐久性要求和对受力钢筋有效锚固的要求。考虑耐久性要求，本条对处于环境类别为一、二、三类的混凝土结构规定了保护层最小厚度。表 6.3.2 中保护层厚度的数值是参考我国的工程经验以及耐久性要求规定的。

6.3.3 预应力钢筋曲线布置时，会产生因弯曲引起的局部应力和管道摩阻力。为了减少这种局部应力和管道摩阻力，规定了最小曲线预应力钢筋的曲率半径。

6.3.5 后张法预应力混凝土构件端部锚固区和构件端面中部在施工张拉后常会出现纵向水平裂缝。为了控制这些裂缝的开展，在试验研究的基础上，本条给出了加强配筋的具体规定。

6.3.6 加腋处设防崩钢筋的工程实例图见图 2。

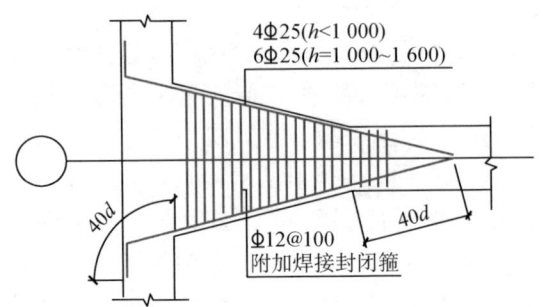

图 2 加腋处设防崩钢筋工程实例图

6.3.7 梁体内部或梁的纵向边缘上设置锚具时，在锚具前面即传力方向一边的截面上出现压应力，而在锚具后面接近设置锚具的边缘，将出现纵向拉应力。因此，当预应力筋需要在梁中间锚固时，应将锚具设在梁截面重心轴附近（对高度较大的梁），或截面受压区或受压较大区，以防止锚具后面混凝土开裂。

7 公路与城市道路桥梁

7.1 一般规定

7.1.1 缓粘结预应力钢束可用于混凝土构件的抗弯、抗剪、局部应力等场合,作为体外钢束也适用。

7.2 设计与计算

7.2.1 缓粘结预应力混凝土受弯构件的主拉和主压应力应根据现行行业标准《公路钢筋混凝土及预应力混凝土桥涵设计规范》JTG 3362 规定的方法计算。在计算混凝土竖向压应力时,由竖向缓粘结预应力筋产生的预压应力的折减系数可由 0.6 提升至 0.8。

7.2.2 现行行业标准《公路钢筋混凝土及预应力混凝土桥涵设计规范》JTG 3362 裂缝验算采用频遇组合并考虑作用长期效应的影响。B 类预应力混凝土构件最大裂缝宽度限值为 0.1 mm,考虑缓粘结预应力筋的护套对钢绞线保护的可靠性,适当放宽。

7.2.3 持久状况的应力验算,为桥梁结构较为特殊的内容。

7.3 构　造

7.3.5 当缓粘结预应力筋径向力作用下混凝土抗裂性有可靠保证时,单根布置的曲线最小半径可为 1.5 m,成束布置的最小曲线半径可为 2.5 m。端部近锚端的直线段长度不宜小于 0.50 m。

8 铁路与轨道交通桥梁

8.1 一般规定

8.1.1 缓粘结预应力钢束可用于混凝土构件的抗弯、抗剪、局部应力等场合。作为体外钢束也适用（但其护套的耐久性估计达不到全寿命的要求，故宜留更换条件）。

8.1.2 预应力构件的分类方法，与国家现行标准的表述有所区别，铁路桥梁按预应力度的概念：铁路预应力度采用应力比的概念，铁路桥梁考虑抗疲劳性能，预应力度按不小于 0.7 控制，按照此标准，结构在运营阶段设计荷载作用下，允许出现拉应力，但不允许开裂。

8.1.3 由于缓粘结预应力筋预埋在混凝土内，若因各种因素（缓粘结材料的差异、环境条件的差异、施工安排的差异等）引起摩阻过大，预应力张拉不到位，将是灾难性的。故要求对摩阻系数在实际构件施工前进行同条件的试验校验。

8.3 构 造

8.3.4 由于缓粘钢绞线通常为单根锚固（非成品群锚），故对锚固处的构造提相应要求。

9 超高性能混凝土结构

9.2 材 料

9.2.1 超高性能混凝土的原材料、试件制备及性能测试方法引用了现行协会标准《超高性能混凝土(UHPC)技术要求》T/CECS 10107、《超高性能混凝土试验方法标准》T/CECS 864 和《建筑工程超高性能混凝土应用技术规程》T/CECS 1216 的有关规定。超高性能混凝土的性能指标引用了现行协会标准《超高性能混凝土(UHPC)技术要求》T/CECS 10107 中对于超高性能混凝土拌合物性能、力学性能、耐久性能和收缩的规定。超高性能混凝土抗压性能分级引用了现行协会标准《超高性能混凝土(UHPC)技术要求》T/CECS 10107 中的相关规定。

9.2.2 超高性能混凝土轴心抗压强度标准值 f_{Uck} 与立方体抗压强度标准值 $f_{Ucu,k}$ 按 $f_{Uck}=0.88\alpha_c f_{Ucu,k}$ 计算,其中系数 0.88 为考虑实际工程构件与立方体试件超高性能混凝土强度之间的差异而取用的折减系数。α_c 为 100 mm×100 mm×300 mm 棱柱体强度与边长 100 mm 立方体强度之比值,参照国内外超高性能混凝土相关数据及标准,取 0.8,即轴心抗压强度标准值计算式为 $f_{Uck}=0.7 f_{Ucu,k}$。

9.2.3 超高性能混凝土轴心抗压强度设计值 f_{Uc} 可按式 $f_{Uc}=\eta_1 f_{ck}/\gamma$ 进行计算,系数 η_1 用于考虑超高性能混凝土在受压时变形能力相对较低,取值 0.85;γ 为材料分项系数,取值 1.3,即轴心抗压强度设计值计算式为 $f_{Uc}=f_{Uck}/1.5$。本条相关系数主要引自瑞士超高性能混凝土标准 SIA2052 中的相关规定。

9.2.4 超高性能混凝土轴心抗拉强度标准值 f_{Utk} 宜由试验确定,

试验方法参考瑞士规范《Ultra-High Performance Fibre Reinforced Cement-based composites（UHPFRC）》SIA2052和协会标准《超高性能混凝土（UHPC）技术要求》T/CECS 10 107—2020。超高性能混凝土抗拉性能按现行协会标准《超高性能混凝土（UHPC）技术要求》T/CECS 10107分为UT1、UT2、UT3、UT4四个等级，其中UT1为超高性能混凝土在单轴拉伸过程中呈现应变软化特性，UT2、UT3、UT4为超高性能混凝土在单轴拉伸过程中呈现不同程度应变硬化特性。

9.2.5 超高性能混凝土的轴心抗拉强度设计值由强度标准值除以材料强度分项系数γ_c确定。弹性极限抗拉强度设计值：$f_{Ute}=f_{Utek}/\gamma_c$，轴心抗拉强度设计值：$f_{Ut}=f_{Utk}/\gamma_c$，$\gamma_c$取1.4。

9.2.6 超高性能混凝土的弹性模量，采用100 mm×100 mm×300 mm的棱柱体试样按照现行协会标准《超高性能混凝土试验方法标准》T/CECS 864相关规定测试。超高性能混凝土的泊松比，采用100 mm×100 mm×300 mm的棱柱体试样按照现行协会标准《超高性能混凝土试验方法标准》T/CECS 864的相关规定测试。

9.2.7 超高性能混凝土的受压应力-应变关系参照了同济大学试验结果和国内外超高性能混凝土相关数据及标准，在达到峰值压应力之前，呈现出高度的线弹性，因此其受压应力-应变曲线可采用理想弹塑性模型。但需要注意的是，当采用粗骨料时，在达到85%～90%峰值应力之后，呈现出非线性变化。

9.2.8 超高性能混凝土的受拉应力与应变关系在达到弹性极限抗拉强度之前，呈现出线弹性特征，超过弹性极限抗拉强度后对应于不同抗拉强度等级时，存在着软化及强化两种情况，为便于构件承载力分析时考虑拉区超高性能混凝土的贡献，超过抗拉强度后的受拉应力与应变关系简化为水平段。但对于应变硬化超高性能混凝土应取其弹性极限抗拉强度作为水平段的强度值，对应极限拉应变可取峰值拉应变的2倍，而对于应变软化超高性能混凝土,由于开裂后即进入软化段,因此偏安全地取0.15%拉应变对应的峰后抗压强度为其水平段强度值,并取0.15%为极限拉应变。

9.3 设计与计算

9.3.1 瑞士规范、法国规范、日本规范在配筋超高性能混凝土构件正截面受弯承载能力分析计算方面均采用平截面假定,故本标准沿用这一假定。

9.3.2,9.3.3 《Ultra-High Performance Fibre Reinforced Cement-based composites（UHPFRC）》SIA2052(瑞士规范)、《Design Guide for Precast UHPC Waffle Deck Panel System, including Connections》FHWA-HIF-13-0.32-2013(美国规范)、《Design Guidelines for RPC Prestressed Concrete Beams》(澳洲规范)、《National addition to Eurocode 2 — Design of concrete structures: specific rules for Ultra-High Performance Fibre-Reinforced Concrete（UHPFRC）》NF P 18-710-2016(法国规范)和《建筑工程超高性能混凝土应用技术规程》T/CECS 1216—2022(中国工程建设标准化协会标准)都给出了UHPC的拉压本构模型,如图3所示。

这5种规范的拉压本构都具有线性上升段和平台段。但美国和澳洲规范考虑了受压本构的软化阶段,澳洲和法国规范考虑了受拉本构的软化阶段。瑞士规范和中国工程建设标准化协会标准(简称"T/CECS规范")的受压和受拉本构均没有考虑软化阶段。在受弯承载力的计算过程中美国、澳洲、法国均按照拉压本构模型进行计算。T/CECS规范将受压区和受拉区应力均等效为矩形应力分布,受压区矩形应力图的应力值可按照UHPC轴心抗压强度f_c乘以系数α_1确定,α_1取0.75;受压区高度根据中和轴高度乘以系数β_1确定,β_1取0.67;受拉区矩形应力图的应

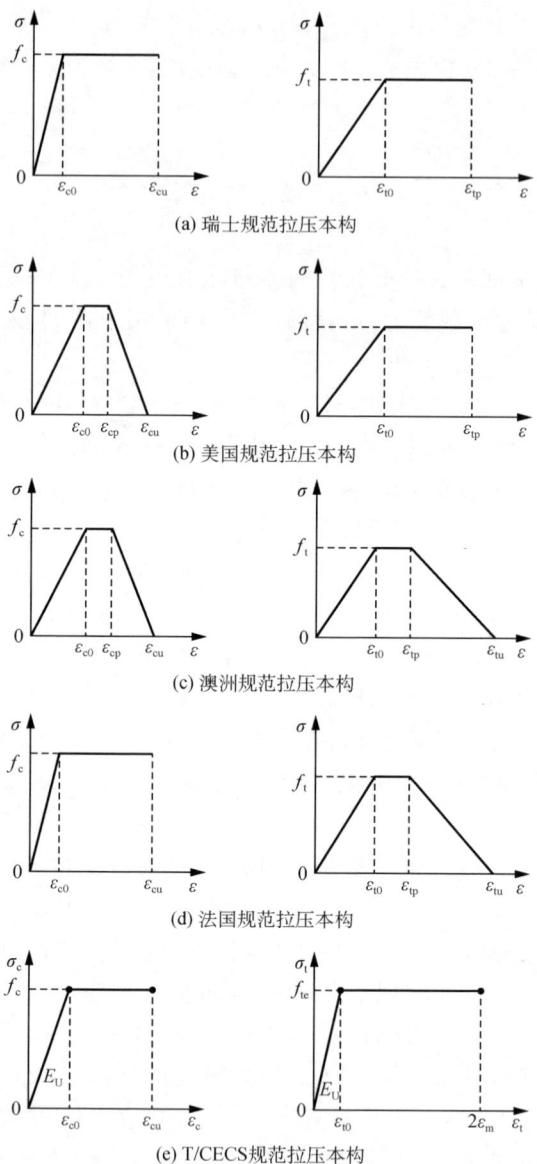

图 3 各规范拉压本构

力值按照UHPC轴心抗拉强度f_t乘以系数k确定,当UHPC抗拉性能低于UT1时,k取0.5,当UHPC抗拉性能在UT2~UT4时,α_2取0.75。瑞士规范受拉区应力等效成矩形应力分布,k取0.9。受压区应力仍按照本构计算,但只考虑弹性阶段,即受压区为三角形应力分布,如果将瑞士规范中受压区等效为矩形,则:$\alpha_1=0.75$,$\beta_1=0.67$,与T/CECS规范取值相同。本标准也将受压区和受拉区应力均等效为矩形应力分布,α_1取0.88,β_1取0.69,k取0.24。

根据上述规范,对上海大歌剧院大楼梯悬挑梁L1和L2破坏截面承载力的计算结果如表3所示。由表3可见,瑞士规范、美国规范、澳洲规范、法国规范和T/CECS规范计算结果的平均值分别为0.865、0.91、0.915、0.955、0.925,高估了悬挑梁UHPC抗拉强度对极限弯矩的贡献。而本标准的方法计算结果平均值为1.00,较好地估计了悬挑梁UHPC抗拉强度对极限弯矩的贡献,与试验结果吻合较好。

表3 本标准模型和各规范的极限弯矩计算值和试验值

试件	M_{tu}	M_{su0}	M_{su1}	M_{su2}	M_{su3}	M_{su4}	M_{su5}
L1	4 191.92	4 118.64	4 699.34	4 536.81	4 536.81	4 313.18	4 395.11
L2	3 779.31	3 867.51	4 517.44	4 221.46	4 159.55	4 023.33	4 216.27
试件		M_{tu}/M_{su0}	M_{tu}/M_{su1}	M_{tu}/M_{su2}	M_{tu}/M_{su3}	M_{tu}/M_{su4}	M_{tu}/M_{su5}
L1		1.02	0.89	0.92	0.92	0.97	0.95
L2		0.98	0.84	0.90	0.91	0.94	0.90

注:M_{tu}为大楼梯悬挑梁极限弯矩实测值,M_{su0}、M_{su1}、M_{su2}、M_{su3}、M_{su4}、M_{su5}分别为采用本标准、瑞士规范、美国规范、澳洲规范、法国规范、T/CECS规范方法扣除自重和工装弯矩后的极限弯矩计算值。

为了验证本标准所提极限弯矩计算方法的适用性,选取了22篇文献共106个试件,将上述规范的计算结果与各试件试验结果的比值表示在图4中,计算结果与各试件试验结果比值的平均值以及变异系数如表4所示。可见,本标准极限弯矩的计算方法要优于各个规范的计算方法。虽然本标准和 T/CECS 规范的变异系数相同且最小，但本标准平均值最接近于 1。且本标准的试验值与计算值之比大于 1，更偏于安全。因此，可以将受压区应力和受拉区应力等效为矩形应力分布，并且系数可以按照 $\alpha_1 = 0.88$，$\beta_1 = 0.69$，$k = 0.24$ 取值。

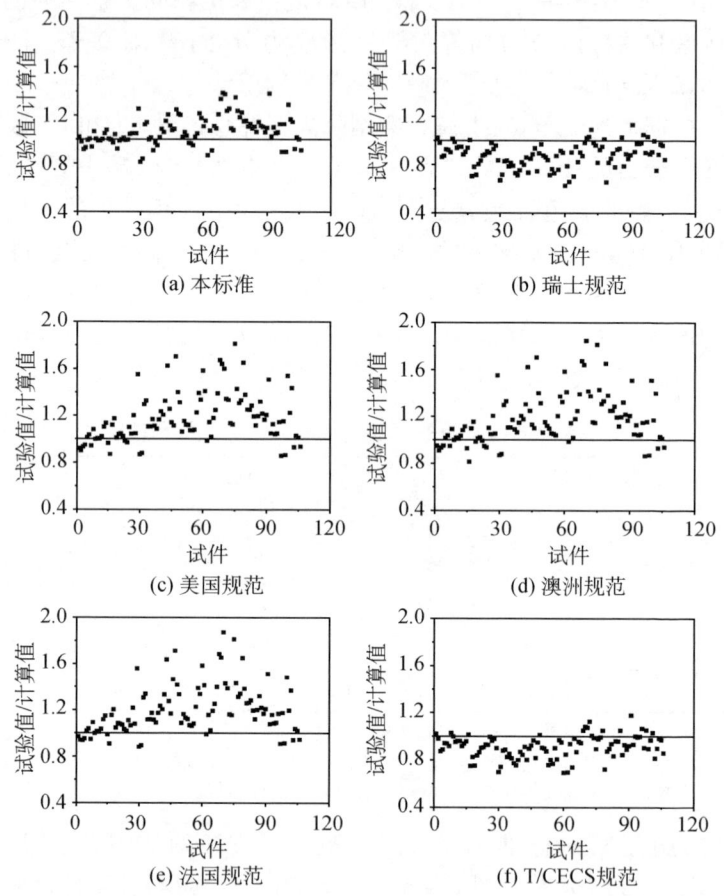

图 4 本规范和其他已有规范计算值与各试件试验值的比值

表 4　各规范试件试验结果与计算结果比值平均值和变异系数

	本标准	瑞士规范	美国规范	澳洲规范	法国规范	T/CECS 规范
平均值	1.07	0.88	1.18	1.18	1.20	0.91
变异系数	0.11	0.12	0.18	0.18	0.17	0.11

9.3.4 超高性能混凝土受弯构件的破坏特征与普通混凝土构件基本相同，构件截面的界限破坏亦为受拉钢筋屈服与受压区边缘混凝土压碎同时发生的破坏状态。但由于超高性能混凝土抗压强度较高且在达到抗压强度之前应力-应变呈线弹性变化，因此界限破坏状态下受压区边缘超高性能混凝土压应变为 ε_{Uc0}，根据平截面假定，可得出截面相对受压区高度，的计算公式。

9.3.5 本条参照现行行业标准《预应力混凝土结构设计规范》JGJ 369 中受弯构件正截面承载力的计算方法，考虑超高性能混凝土受拉对受弯承载力的贡献，参照欧洲 fib Model Code 2010 中的规定，给出了钢筋超高性能混凝土和预应力超高性能混凝土受弯构件正截面承载力计算公式。

9.3.6 本条规定了超高性能混凝土受弯构件受剪承载力截面限制条件。超高性能混凝土受弯构件受剪承载力截面限制条件参照现行国家标准《混凝土结构设计规范》GB 50010 中的形式，并根据现行行业标准《钢纤维混凝土结构设计标准》JGJ/T 465 确定式（9.3.6-1）中的系数 0.2 和式（9.3.6-2）中的系数 0.16。

9.3.7 本条规定参考了现行国家标准《混凝土结构设计规范》GB 50010 中受剪承载力的计算模式，将普通混凝土受剪承载力替换为超高性能混凝土所提供的受剪承载力。

9.3.8 超高性能混凝土受弯构件斜截面受剪承载能力计算沿用现行行业标准《预应力混凝土结构设计规范》JGJ 369 和《钢纤维混凝土结构设计标准》JGJ/T 465 中将混凝土和箍筋的受剪贡献以和的形式表达，其中超高性能混凝土对受剪承载力的贡献包括两部分：超高性能混凝土剪压区贡献和钢纤维作用折算为箍筋后对承载力的贡献,其中钢纤维作用折算为箍筋时,需考虑纤维取向以及在剪压区强度不能充分发挥的影响乘以系数 0.3 进行折减。

9.3.9 本条参考了行业标准《预应力混凝土结构设计规范》JGJ 369—2016 中第 5.5.4 条的规定,将普通混凝土的受剪承载力替换为超高性能混凝土的受剪承载力。

9.3.10 当设计剪力不超过超高性能混凝土所能提供的受剪承载能力时,可按构造配置箍筋的条件和现行行业标准《预应力混凝土结构设计规范》JGJ 369 所采用的计算模式。

9.3.11 钢筋超高性能混凝土和预应力超高性能混凝土受弯构件的裂缝控制等级、构件受拉边缘应力或正截面裂缝宽度验算与钢筋混凝土和预应力混凝土要求一致,因此仍然参照现行国家标准《混凝土结构设计规范》GB 50010 的相关规定,但由于超高性能混凝土开裂时对应的抗拉强度为弹性极限抗拉强度,所以应将混凝土轴心抗拉强度标准值用超高性能混凝土的弹性极限抗拉强度标准值代替。另外,由于镂空结构、表皮结构以及薄壁饰面为非承重构件,而且多数情况下内部未配置钢筋,因此在进行验算时,构件裂缝宽度限值取为 0.3 mm。

9.3.12 由于应变硬化超高性能混凝土具有较高的裂缝控制能力,配筋应变硬化超高性能混凝土的拉杆试验表明,在钢筋达到屈服之前,构件一直处于多点开裂的微裂纹状态,对应裂缝宽度约为 0.05 mm,小于三级裂缝控制等级时的最小裂缝宽度限值 0.1 mm,而且在正常使用极限状态下,钢筋应力水平约为屈服强度的 60%,因此,本条给出建议:对于应变硬化型超高性能混凝土的钢筋超高性能混凝土和预应力超高性能混凝土构件,可不进行裂缝宽度验算。

9.3.13 应变软化超高性能混凝土的裂缝控制能力要弱于应变硬化超高性能混凝土,但相对于普通混凝土仍比较可观。本条参照欧洲 fib Model Code 2010 中的规定,考虑裂缝处超高性能混凝土仍具有残余抗拉强度,给出了应变软化超高性能混凝土受弯构件正截面的最大裂缝宽度计算公式。

9.3.14 钢筋应力是计算裂缝宽度的关键,根据平截面假定、受压区超高性能混凝土的法向应力图取为三角形、只考虑中和轴至受拉纵筋重心区段内的超高性能混凝土受拉和采用换算截面等假定,本条给出了考虑超高性能混凝土受拉时受拉纵向钢筋应力的计算公式。

9.3.16、9.3.17 钢筋超高性能混凝土和预应力超高性能混凝土受弯构件的挠度限值与钢筋混凝土和预应力混凝土保持一致,仍然参照现行国家标准《混凝土结构设计规范》GB 50010 的有关规定。

9.3.18 本条给出的预应力超高性能混凝土受弯构件的刚度 B_s 计算公式,参照了欧洲 fib Model Code 2010 中的规定。对于不出现裂缝构件的刚度,考虑超高性能混凝土材料特性统一取 $0.95E_cI_0$,可使计算结果更接近实际值且较为稳妥。对于允许出现裂缝构件的刚度,采用有效惯性矩法计算,并考虑在荷载的长期作用下,材料平均应变增长导致刚度降低构件挠度增大的情况,采用系数 β 进行修正。

9.4 构 造

引用现行协会标准《建筑工程超高性能混凝土应用技术规程》T/CECS 1216,并综合考虑粘结力的可靠传递、钢筋抗腐蚀、结构耐火性等因素,制定本节所规定的保护层厚度的要求。

10 耐久性

10.2 房屋和一般构筑物的耐久性

10.2.4~10.2.6 规定了缓粘结预应力混凝土构件锚固区密封要求,参考了现行国家标准《混凝土结构工程施工质量验收规范》GB 50204、《混凝土结构工程施工规范》GB 50666 以及现行行业标准《无粘结预应力混凝土结构技术规程》JGJ 92 的有关规定。为了保证缓粘结预应力混凝土结构的耐久性,需要对构件端部锚具进行封堵。

张拉端夹片锚具系统应由锚环、夹片、承压板、间接钢筋组成。张拉完成后应及时切除缓粘结预应力筋多余长度,然后在夹片及预应力筋端头用防腐油脂或环氧树脂涂抹,最后用微膨胀混凝土或专用密封砂浆进行封闭。锚固区也可用后浇的钢筋混凝土外包圈梁进行封闭,但外包圈梁不宜突出在外墙面以外。对不能使用混凝土或砂浆包裹层的部位,应对缓粘结预应力筋的锚具全部涂以防腐油脂,并用具有可靠防腐和防火性能的保护罩将锚具全部封闭。

国内外应用经验表明,对处于三类环境条件下的无粘结预应力锚固系统,应采用全封闭体系,而缓粘结预应力筋在缓粘结材料固化后相对要比无粘结好些,在没有经过耐久性试验的前提下,先按无粘结预应力封堵要求进行封堵。参考美国 ACI 和 PTI 的有关规定,对全封闭系统应进行不透水试验,要求安装后的张拉端、固定端及中间连接器部位在不小于 10 MPa 静水压力下,保持 24 h 不透水,具体漏水位置可采用水中加颜色等方法检查。

11 施工和验收

11.1 一般规定

《建筑业企业资质管理规定和资质标准实施意见》做出如下说明：对于原《建筑业企业资质等级标准》（建建〔2001〕82号）中被取消的预应力工程等7个专业承包资质，在相应专业工程承发包过程中，不再作资质要求。施工总承包企业进行专业工程分包时，应将上述专业工程分包给具有一定技术实力和管理能力且取得公司法人《营业执照》的企业。

11.1.3 缓粘结预应力筋张拉施工时若超出了张拉适用期范围，可能影响结构受力设计和结构安全，甚至造成缓粘结预应力筋的报废。固化时间过短，不利于施工的进行；固化时间过长，对结构的安全性将产生不利影响。

11.2 缓粘结预应力筋的制作、运输、存放

11.2.1 预应力筋的下料长度的计算与采用的锚固体系、张拉方式等因素有关。

11.2.4 预应力钢材属于高碳钢，局部受高温后急冷或通电后会使金属变脆易断，基本性能发生变化，技术指标达不到设计要求。

11.2.6 对于不影响使用性能的外包护套轻微破损，且缓粘结材料未发生外溢，可采用外包防水聚乙烯胶带或热熔胶棒进行修补，外包防水聚乙烯胶带修复时每圈胶带搭接长度不应小于胶带宽度的1/2，缠绕层数不应小于2层，缠绕长度应超过破损长度每边50 mm。1 m范围内出现3处大于10 mm的破损的缓粘结预

应力筋应予以报废。安装过程中应防止缓粘结预应力筋外包护套破损后缓粘结材料滴漏，缓粘结材料流出后会在护套内形成空隙，影响粘结性能。实践证明，缓粘结材料的流淌性比无粘结预应力钢绞线所用防腐油脂的流淌性好得多，如采取措施不当，缓粘结材料很容易从下端口流出。

11.2.7 温度升高会导致缓粘结材料的固化速度加快，因此，缓粘结预应力筋的储存和运输也要注意防止高温和暴晒，以免影响缓粘结预应力筋的张拉适用期和固化时间。

11.4 缓粘结预应力筋的安装和混凝土浇筑

11.4.2 预应力筋束形的正确与否直接影响所建立预应力的效果，并影响结构构件的承载力和正常使用性能，故对预应力筋束形控制点的竖向位置允许偏差提出了具体要求。

11.4.8 将缓粘结预应力筋的锚固段护套去掉，有助于锚固体系的建立。在去除护套时，应做好文明施工。

11.5 张　　拉

11.5.3 预应力筋张拉力是由锚固区传递给结构，因此张拉时实体结构混凝土应达到设计要求的强度等级，满足锚固区局部受压承载力的要求。

　　早龄期施加预应力的构件由于弹性模量较低，会产生较大的压缩变形和徐变，因此本标准规定预应力张拉条件为混凝土强度和弹性模量两项指标双控。鉴于混凝土弹性模量的测试比较复杂，而研究结果表明：强度等级C40及以上的混凝土5d弹性模量均能达到其28d弹性模量的85%以上，因此可以通过对混凝土龄期的控制替代对弹性模量的控制。本标准规定：张拉时预应力混凝土楼板龄期不宜少于5d，预应力混凝土梁龄期不宜少于7d。

为减少混凝土的早期收缩,可在混凝土强度达到50%时,张拉50%预加力;待混凝土强度达到100%时,张拉100%预加力。

11.5.5 张拉前清理锚垫板端面的混凝土残渣和喇叭管内的杂物,检查锚垫板后的混凝土密实性,是为了保证张拉和锚固质量及防止出现断丝和滑丝现象。

11.5.6 张拉端锚具安装对中可保证千斤顶安装对中;张拉力作用线与预应力束中心线重合可以保证预应力筋轴向受拉,防止张拉时预应力筋剪断。

11.5.9 缓粘结预应力筋张拉端的设置参照预应力混凝土施工时的具体要求,为达到均衡施加预应力的措施。

11.5.10 分批张拉后进行复拉,以克服混凝土弹性压缩变形造成的预应力损失或缺失。

11.5.11 建议在施工具备张拉条件时尽早张拉,可充分取得较小的摩阻力为结构储备更多的有效应力。

11.5.15 缓粘结预应力技术特点是缓粘结材料在张拉适用期内具有一定的粘性,固化后具有很高的强度。缓粘结材料的粘度与温度具有直接关系,当温度高于20℃时,缓粘结材料的粘度较小,基本不影响张拉时预应力损失;当温度低于20℃时粘度变大,摩擦损失因缓粘结材料粘度增大而增大,如果按有粘结预应力和无粘结预应力张拉方法,低温下会由于粘度而造成摩擦损失增大,试验和工程实践表明,通过持荷超张拉可以基本消除由于缓粘结材料粘度对摩擦损失的影响。因此,为了保证预应力筋有效预应力的建立,确保达到原结构设计的有效预应力值,保证结构安全,要求在温度等于或低于20℃时应采用持荷超张拉方式,并注意预应力筋伸长值能满足设计要求。冬季温度低于5℃时缓粘结材料粘度显著增大,张拉应持荷 4 min 以上,影响张拉速度,如果工程中一定要张拉,可以通过电加热措施对钢绞线加热到10℃以上进行张拉,该方法已经在工程中使用。

11.5.19 冬季温度低于5℃时缓粘结材料粘度显著增大,张拉需要持荷 4 min 以上,影响张拉速度,如果工程中一定要张拉,可以通过电加热措施对钢绞线加热到 10℃ 以上进行张拉,该方法已经在工程中使用。

11.5.22,11.5.23 预应力筋张拉伸长值的计算公式系根据预应力筋在弹性阶段的应力与应变成正比确定。为了简化张拉伸长值的计算,预应力筋的平均张拉力取张拉端拉力与计算截面扣除孔道摩擦损失后的拉力平均值,计算误差对一般工程是许可的。对多曲线段或直线段与曲线段组成的应力筋,张拉伸长值分段计算后叠加较为准确。

11.5.24 预应力筋实测伸长值过去都是量测从 10% 张拉控制应力到最大张拉力之间的伸长值,按线性推算前 10% 张拉控制应力的伸长值,得到总伸长值。对于缓粘结预应力筋张拉,由于开始张拉时缓粘结材料粘度较大,伸长并不能按线性推算,因此采用了量测张拉前后预应力筋露出部分长度的方法,并考虑锚具回缩值的影响。对于两端张拉或一端张拉而另一端也用夹片锚外露的预应力筋,应测量两端外露预应力筋长度变化,因为一端张拉,另一端会产生向内的滑动,只测量一端变形会使测量值偏大。

11.5.28 直线预应力筋应采用一端张拉。曲线预应力筋锚固时由于孔道反向摩擦的影响,张拉端锚固损失最大,沿构件长度逐步减小至零。当锚固损失的影响长度 $l_f \geqslant L/2$(L 为构件长度)时,张拉端锚固后预应力筋的应力等于或小于固定端的应力,应采取一端张拉。当 $l_f \leqslant L/2$ 时,应采取两端张拉,但对简支构件或采取超张拉措施满足固定端拉力后,也可改用一端张拉。